划

——人居环境运筹方法

高　军　著

中国建筑工业出版社

图书在版编目（CIP）数据

划：人居环境运筹方法 / 高军著. -- 北京：中国建筑工业出版社，2024. 8. --ISBN 978-7-112-30247-5

I. X21

中国国家版本馆 CIP 数据核字第 2024H5L785 号

责任编辑：费海玲　张幼平
责任校对：赵　力

划——人居环境运筹方法

高　军　著

*

中国建筑工业出版社出版、发行（北京海淀三里河路9号）
各地新华书店、建筑书店经销
北京光大印艺文化发展有限公司制版
北京中科印刷有限公司印刷

*

开本：880毫米×1230毫米　1/32　印张：5½　字数：108千字
2024年8月第一版　2024年8月第一次印刷
定价：58.00元

ISBN 978-7-112-30247-5
（43139）

序一

高军研究员把他甲子之年完成的著作样书转交于我，嘱我为其作序。初见此书，朴素的封面包裹着薄薄的小开本，似乎不易引起人们的注意。按其自述，这是一本源自规划师实践应用、思考总结，目的在于指导职业实操的有关方法论的书。粗略翻看，我感到，这是一本视角独特，兼具理论性和实践性的著作，对建筑师、规划师和工程师都会有所帮助，对决策者的作用尤为显著。

方法论问题看似高深，探究到极处却是大道至简。《划——人居环境运筹方法》一书以实践中常常遇到的四个问题为出发点，把想要什么、可行吗、还有更好的吗、怎么实现，提炼为“愿”“谋”“划”“行”四步运筹法，将人居环境运筹的思维过程较清楚地表述出来，构成必要性、可行性、选优者、实操作的逻辑闭环，再经过重构，与策划、规划、设计和计划建立起对应关系，可为规划师思维方法的实践应用提供参考和指引。实际上其应用并不局限于人居环境运筹，对于转型时期的学科整合，以及对于创意、运筹从业人员等都有所启发。

《划——人居环境运筹方法》一书语言朴实，叙事流畅，看得出是作者长期思悟的结晶。作者是一位有心人与思考者，将其职业生涯的经验与感悟系统地总结出来，以惠及同行。此种做法值得鼓励。兹建议作者可注重多方征求、收集反馈信息，据此进一步萃炼成果，使之更加完善、精准，臻于至善。另外，部分理论叙述有余，实例解读不足，这给经验不足、知识储备尚不够充分的读者增加了阅读难度，需要反复品读方得其要。瑕不掩瑜，这本书或许会成为众多专业，不同年龄读者喜爱的小册子。

吴硕贤

吴硕贤

中国科学院院士

华南理工大学建筑学院教授

序二

高军是我的同庚师弟，算起来相识四十年有余了。他这辈子到退休前可谓经历丰富，建筑设计、城乡规划、土地评估、土地资产处置、土地管理、规划管理、城市综合管理都干过，每样还都不止于“蜻蜓点水”，而是干一行琢磨一行，都干得风生水起，颇有心得，专业文章也没少发，各种专业学术会议上的相会也是我们见面的常态。

这本小书我拿到初稿时就很感慨，提笔写了一段“甘苦自得，行者为师”的感言，这之后高军又精雕细琢三次修订，终于要出版了，在此谈些感受以为小序。

记得我读书时导师吴良镛先生耳提面命的几句话，终身不敢忘记。一是写书不怕晚。60岁以后写的东西才是真正的“甘苦自得之言”，城市问题的复杂性使得从业者很容易找到所谓生冷的视角，闭门造车，各执一词，自成理论，自选模型，自洽逻辑，听上去言之凿凿，颇有道理，也可换取稻粱之丰，但难有解决真实城市问题之功效。这种理论与实践背离之风当下因技术手段丰富而变得日盛，实在不是什么好的趋势。高军这本小书用多元化的复杂视角看问题，并倡导多学科合作，共谋解决问题之路的思考方式是颇有价值的。二是“战斗里成长”。科班教育形成的学理根基当然是重要的基石，实践中形成的各种“招数”也不可或缺，二者结合产生的“洞见”又往往产生思想的光辉，这是刚刚走出校门的从业者不易体会到的，高军的跨行业实操经历是这本书成文的关键。三是“不要小看学术随笔的价值”。以当下的技术手段和信息爆炸的时代特征而言，堆砌知识已是一项低“智慧”的工作，启迪心智，启发思考，追寻本源变得更加珍贵，面对复杂纷乱的城市问题，追寻愿景的共同谋划，确立共同规则的认同，并引导多元参与者采取共同行动去达成问题的解决，起关键作用的不是僵化的流程，也不是所谓海量信息的轰炸，而是思想之光的引领，而历代大师留下的学术随笔正是这种思想之光的记载。这本小书更具有学术随笔的特点，重点不是它可以教会你什么，而是启发你打开一扇扇思想的窗口，引导你去认识、解释和改造这个世界，这是此书写作方式的可贵之处。

城市问题的关注者，解决城市问题的从业者，可以把它当一本枕边小书来读，作者的喜怒哀乐集四十多年经历之大成，也许你可以同样在人生和职业生涯的不同阶段，在理论和实践探索中的不同际遇中读出全然不一样的乐趣、感悟和启示。

尹稚

2024 年 7 月于清华园

甘苦有得行者為師」劃劃一書甚妙，

官員讀了它更高瞻遠矚，職員讀了它能辦事清楚，院長讀了它會開疆拓土，總工讀了它擅散雲撥霧，劃師讀了它也少走彎路，小白讀了它即內卷更服，學生讀了它覺心中有數，行業讀了它能重振旗鼓

甲辰正月 尊達高軍老友囑

清華學人 尹稚 於同衡院

前言

这是一本关于人居环境运筹方法的书。

人居环境运筹涉及众多细分学科。为叙事方便，本书把这些学科的谋划者（设计师、规划师、工程师）和决策者，简称为“三师”。这套适用于“三师”的运筹方法暂称“划理论”。

在人类发展的历史中，人们不断对其生存环境进行探索、发现、谋划和运筹，因此产生了众多学科，而任何探索与发现都离不开人的活动。研究气候的叫气象学，研究大地的叫地质学，研究地地关系的叫地理学，研究经济与大地关系的叫经济地理学，研究人与大地关系的叫人文地理学，而研究人在大地上聚居的科学叫人居环境学。

人类的基本活动就是栖居和劳作，安全、效率等需求都是基本活动的组成内容。人居环境，从广义讲，可以分为建成环境和未建环境。建成环境，从硬物质条件来说，可以分为建筑之内和建筑之间，是人们的栖居之所，也就是城镇与村庄。部分建成环境和部分未建环境，是人们的劳作之地。建成环境，是投入人力、资本、资源最集中的区域，是人类知识利用最密集的区域，是人类文明最集中的体现区域。建成环境的实践，涉及的相关学科有建筑学、城市规划、园林景观、装饰装修、建筑结构、交通运输、给水排水、供暖通风、电力、电信、生态、环保、水文、气象、地质等。这些学科分工合作，共同谋划，创造出建成环境的复杂巨系统。

信息爆炸的时代，信息的数量暴增和碎片化，使人的大脑不堪重负，学习对认知提升的正反馈作用在减弱。为了解决这一问题，人们发明了诸如分类大纲、搜索引擎等方法和工具，但是要想真正解决只见树木不见森林的状态，重要的是通过学习和思悟建立起一套属于自己的底层认知框架和通用思维逻辑，用高维智慧支撑认知的系统性（自洽维度）、普适性（关系维度）和连续性（时间维度）。这样做的好处有两点：第一，人们面对巨量信息，可以清晰地选择需要学习的内容，并且使学到的内容及时归位，建立起信息的关联，通过不断积累，就能够使认知水平不断提升，而不至于在学了海量知识之后，认知还停留在原有水平。第二，人们将所学知识在总框架中建立起清晰的关联，可以在具体实践中，更好地统筹局部与整体、现在与未来。事实上，在生活工作当中，几乎每一步都会遇到选择的问题，而影响选择最深最重的就是认知水平，是整体把握能力。

任何一个系统的运筹过程，都会以整体最优为目标，避免掉入局部最优陷阱，这一点在工程系统的运筹中最为清晰：如果不是整体最优，系统的良好运行将不会成立。而在非工程系统中，情况将会变得更复杂，每个局部或个体的选择，往往会以本体最优为首选，但是这样的情况，会受到关联各方的制约，有的时候甚至是反噬。经历了博弈与妥协后，人们会找到一个各方都可以接受的中间状态，最终以法律、规定、规范、道德、伦理和民俗等方式固化下来。“三师”的工作，尽管各个学科分工清晰，很少重复，但是，由于是在同一个总目标体系下，所以交织、矛盾的情况会层出不穷，加之计划安排的差异，时序落实的不同，信息传导的误差，生成性的错漏更是难以避免。因此，实践中，每一个人都应该建立整体最优思想，进行每一个阶段每一个细节的选择和决策，这也是克服内卷、对抗熵增的手段之一，既是为人，更是为己。

人居环境运筹，从最初的单专业方案，到多专业的技术统筹，到最后阶段的决策，都涉及如何在“三师”的多种方案组合中选取整体最优的结果，专业间无法达成妥协的，就需要超越专业的认知来裁决，专业上达成妥协的，也会有非专业的因素加以限定和修正，这个不断进行二次三次创作和选择的过程，也是我们实际工作中遇到的最大难点。本书是作者基于职业生涯多岗位实践的体悟，可作为“三师”谋划、运筹、决策、评估的参考。

本书分为六个部分。第一部分，是对认知的基本认识，这会帮助我们对信息的抓取、知识的学习、智慧的体悟、技能的训练做出较好的选择与判断；第二部分，在统一架构下归纳和辨析“三师”的相关专业，以使各专业的统筹有一个基础；第三部分，是四个基本的思维工具模型，分别解决系统的研判、决策的选择、平衡的分析和认知的升维问题；第四部分，是针对“三师”工作，提出“愿、谋、划、行”四步运筹法，以此来统筹“三师”的底层思维逻辑；第五部分，论述四步运筹法和项目类型的关系，使“三师”的思维方法和具体的工作实践建立起关联，思维方法的实践就有了着力点；第六部分，是结合“划理论”列举部分问题应用实例或理论解读，便于读者加深对“划理论”的理解。

需要说明的是，这套理论方法，是作者看薄精缩职业生涯实践这本大书后的呈现，是解己之惑、思悟所得，纯属个人认知。与同行交流时，曾有三位同仁分别称“划理论”为“三师”的“实用手册”和“统一力场”。不管有什么评价，各位读者都不要把它当成知识来阅读，也不要当成纯专业理论来评判，要批判地了解，谨慎地吸收，根据第一性原理，通过它观察一个多维实践者的思想历程，把每一步的联想记录下来，当你把这套理论去粗取精、去伪存真，并和自己的工作结合起来，重构适合自己的表达框架后，就会发现：这套理论还挺好用的！

即便初看没有产生同频共振，也不要急于把它束之高阁，甚至丢进垃圾桶，假以时日，当你偶然再次翻开本书，也许真的会有不一样的认识。因为有你的老同行正在享受着“划理论”所带来的好处，你也一定可以！

顺便再告诉你个秘密，这套理论或许可以产生很广泛的联想……

高　军

2024 年 2 月 9 日

目录

一、认知

学习终极之峰

无用之用，方为大用。

对人类认知的思悟和认识，能够从本源上认清实践中的困惑。原理的掌握对人的影响巨大。作为“划理论”的背景，这里首先来谈一谈人类的认知。

人类对宇宙的认知从混沌到初开，从想象到印证，经历了十分漫长的过程，科学就是在不断假想－证明的过程中发展起来的。爱因斯坦的相对论，把能量和物质关联了起来，量子力学又使人的意识和物质关联起来。近些年逐步形成新的认知，就是宇宙是由能量、物质和信息组成的。也许人们可以更大胆假设，物质和信息也是能量的不同态，物质是能量的高度聚集态，是能量的核，信息是能量粒子的流动态，是能量的流。当人们意识到人工智能产生的新变化，对人类相当一部分工作（主要是大脑的工作）进行替代已势不可挡之时，对高维智慧的探索开始热起来，有识之士开始思考：我们最终能够保持对人工智能优势的阵地还有哪些？这些新变化对“三师”的影响，也是显而易见的，影响会发展到什么程度只是个时间问题，它的趋势是不可逆转的。因此我们更应该回归初心，参哲悟道，提升我们的认知维度，以笃定的心态、积极的态度应对未来的变化。

先哲说：活到老，学到老。人们的终身学习，是认知不断丰富、变化和提升的过程，但是每个阶段学习的侧重点和学习的根本目的到底是什么，大多数人还是不甚清晰。

人们在学校阶段的学习，老师按部就班地教，学生懵懵懂懂地学，中小学阶段人们常常说要进行素质教育，大学时期老师也曾经说，要授人以渔，而不要授人以鱼，那么这些说法到底意味着什么？结合所学内容，人们应该如何进行自我的认识、判断，从而找到真正的努力方向，这才是每个人在学习之初就应该掌握的方法。清代学者王国维曾把读书做学问分为三种境界：古今之成大事者、大学问者，必经过三种之境界：“昨夜西风凋碧树，独上高楼，望尽天涯路”，此第一境也；“衣带渐宽终不悔，为伊消得人憔悴”，此第二境也；“众里寻他千百度，蓦然回首，那人却在，灯火阑珊处”，此第三境也。意思就是治学要博览群书，登高望远；学悟相协，心有所属；万法归一，返璞归真。直至达到道法自然的天真境地。这和我们常听说的看山是山、看山不是山、看山是山三重境界是一个意思。

人的认知是有能级和结构的。

1. 登高望远 提升维度

根据信息论，信息的最小计量单位是比特，单个比特无意义，有一定长度的比特形成了信息，具有一定的意义表达。当信息进入人的大脑，或者说人的大脑捕捉信息进行处理之后，人们就产生了认知，初级的认知让人们像动物一样产生条件反射，进而影响行为。高级的认知不但能够影响个体的意识，还可以通过讲故事的传播方式影响到群体，甚至整个人类的意识和行为。

初级单位的信息，是我们说的信息、消息、“八卦”、新闻等，因为其新闻性，新鲜、差异甚至刺激，满足了人们的实时反馈心理，往往会对人们产生像鸦片一样的麻痹作用，尽管它本身似乎有一点点的逻辑，但是它的偶发性、离散性使人们对这一类信息无从把握。现在人们刷微信玩抖音，耗费了大量的时间，似乎从中寻到了一点点的心理安慰和短暂的快乐，但对人的认知提升与其所耗时间不成比例。作者把这个阶段称为**无识**。

《人类简史》的作者尤瓦尔·赫拉利曾经在他的研究当中指出：人类社会跃迁式的进步，从智人脱颖而出成为宇宙的精灵，劳动、用火、语言等因素都十分重要，但根本的因素是智人开始具有想象力，即讲故事的能力。通过讲故事把人们的意识和行动统一起来，在讲故事能力没有发展起来之前，智人群体的协同规模只有几十上百，当具有了讲故事的能力以后，智人的群体规模就发展到了成百上千甚至上万，这是个从量变到质变的过程，把团结就是力量发挥到了极致，使其能够在历史的长河当中，灭掉百分之九十的大型动物，使智人发展到脱离动物，成为具有更高一级智慧的生物，并在历史长河当中不断进化发展，从而形成今天的状态。故事、寓言、假设、理论，是加入了人的意识以后的假想，半真实，半虚构，是科学发展的实施路径，是通向未来的芝麻之门。这一认知阶段的特征具有逻辑的自洽性，作者把这一阶段称为**认识**。

人类对自然界的认知是永不满足，前仆后继的。不满足于对自然现象的一般认识，更想了解这些现象的内在逻辑和联系，自轴心时代开始，人们对自然和人类社会自身的探索进入了以哲学、科学为方向的新阶段。经过千百年的发展，建立了十分丰富、全面的，对自然界和人类社会进行论述和解释的学科体系。除了传统的数学、物理、化学、政治、经济以外，近现代更产生了一些与现代科技和社会发展相关联的信息科学、系统科学、环境科学、管理科学，以及和城市相关的城市规划学。这些学科是人们基于对自然、社会的认知，进行归纳、总结、提炼、推理、证明而形成的完整逻辑体系，可传承、可应用。它们具有一个共同点，就是对自然和人类社会的某一现象进行系统全面的理论阐述和科学解释，具有系统性的特征。作者把这一阶段称为**知识**。

随着人类知识的不断积累和进步，生产力得到了充分发展，群体规模在急剧扩张，从部落到城邦乃至国家，人类在同自然斗争的过程中取得了巨大进步，对世界的认知也产生了质的飞跃，与此同时对未知世界更加困惑和迷茫，开始寻求在知识之上对世界的统一解释。这些探索在不同国家和地域分别产生了一些对后世影响深远的理论，如古希腊的经典哲学，中国传统文化的道家、儒家，印度的佛教理论，等等。这些探索，或在后世转化为哲学，影响了科学和社会科学的发展；或融入族群文化当中，形成了超稳定的社会或者国家治理结构；还有的形成了影响世界众多人口的宗教。哲学、宗教几乎是与系统的知识产生同时开始酝酿、发生和发展的。由于这一类认知的特性，它对人类社会的影响，更加深远和持续。这一类认知相较于我们常说的知识，具有更高一级的维度，其认知内容更带有普适性、本源性。这一类认知对人们在自然和社会活动中的行为和新知识的发展，具有深远的影响，作者把这一阶段称为**智识**。

“鲲鹏展翅，九万里，翻动扶摇羊角，背负青天朝下看，都是人间城郭”，这是毛泽东诗词当中的几句。这里用典出自《庄子·逍遥游》中关于鲲与鹏的神话传说。这段话给我们提供了一个常人所不及的视角，就是背负青天朝下看时眼中的景色：都是人间城郭。这是一种什么状态呢？城郭当中蓬勃的生活场景被抽离了，人们看到的是城郭整体的效果和在更大范围视野当中的关系。这个视角，抽离细节，关注整体，能够更加深入体察总体关系，更能把握事物的脉络。这是更高维度的认知角度，是神的视角。现实中我们把这一视角通常称为鸟瞰，用学术的观点来说，这就是战略眼光或者叫战略视角，这一视角下形成的认知，作者称之为**慧识**。

从图 1 中可以看出，认知能级是随信息之间关联程度不断扩展增强而提升的。这给我们的启发是：研究事物之间的连接，建立起系统关系，是追寻本源、探求真理的关键路径。

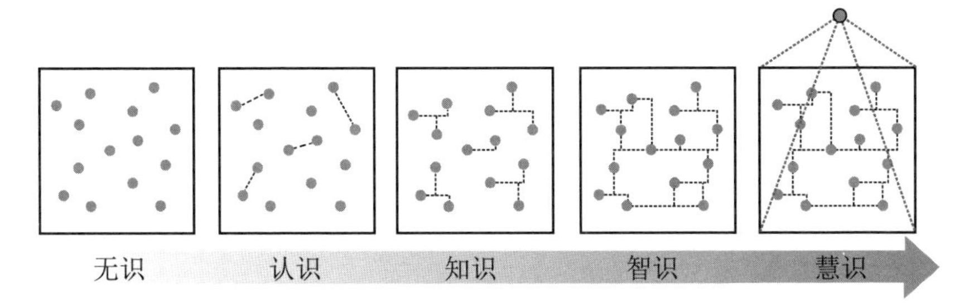

图 1　认知能级示意图

2. 道、术、技：三位一体的妙用

不同能级下所形成的认知，是一种什么关系呢？人们为什么要不断地提升认知呢？王阳明的心即理、致良知、知行合一，为我们提供了重要参考，作者把它称为认知的结构：**道、术、技。**

老子《道德经》开篇即说："道可道，非常道；名可名，非常名。无，名天地之始；有，名万物之母。故常无，欲以观其妙；常有，欲以观其徼。此两者，同出而异名，同谓之玄。玄之又玄，众妙之门。"这里第一个"道"指道理，第二个"道"指言说，第三个"道"是老子首创的形而上哲学专有名词，是指构成宇宙的实体与动力，是世间万物的本源和根本的自然大法。第一句话的意思就是真正的宇宙大法是我们用语言无法描述的，用语言可以描述的，就不是我们常常所指的世间根本大法。

既然至简大道无法言说，那么对宇宙根本大法的体悟和认知，岂不无法找到入门的途径？那么老子《道德经》的洋洋五千言所叙述的又是什么呢？如果所说的是道，就违背了他的开篇第一句话：大道不可言说。如果说的不是道，那又会是什么？这岂不产生了悖论？

如前所述，人们对世界的认知是分能级的，是有维度的，不同维度所包含的信息量有巨大差异。举一个例子，二维空间的一个面可以包含一维空间的无数条线，这个面中一维空间所有线的属性都符合二维空间当中面的属性。人们对二维空间的面进行的定义，所有信息就包含了一维空间相同属性的所有线；在一维空间对一条线所进行的描述，即是二维空间的面的一部分性质，又不可能包含其全部性质。而人们想在一维空间把二维空间的面描述清楚，就要用穷举法把一维空间所有线的性质描述清楚，还要讲清楚线之间的关系，这是一个不可完成的任务。同样，三维空间的立体，包含了二维空间无数个面，对二维空间无数个面单独进行描述的时候只能体现出三维空间立体当中的部分信息，人们可以从这部分信息去参悟三维空间立体的性质，但无论如何，它的描述无法涵盖三维空间的全部信息。以此类推，当达到 N 维空间的时候，它的一个信息就是低维空间无穷多信息的总和。再举一个例子，在三维空间，当看到一座山丘的时候，会对山丘的总貌有一个简洁的概括，但要在二维空间中表达这座山丘，就需要画一定数量的等高线来进行表达，当等高线无穷多的时候，就接近了山丘的本貌。事实上人们所做的等高线只能是有一定间隔的，每一条等高线都是山体的一部分，但又不是山体，所以在二维空间描述山的时候，只能说大圈是山底，小圈是山顶，线密的是陡坡，线疏的是缓坡。可是从这些描述当中，能想象出山的真正样子吗？从以上例子可以看出，老子所说的“道可道，非常道”是指的高维空间的宇宙根本大法，以人类的语言无法描述出它的真实样子。而退而求其次，降若干个维度，或者在现实能够理解的维度当中来描述所观察事物的一些根本原理，即是我们了解世界有效的途径，也是由此参悟更高维空间的不二法宝。就如禅宗中所说，对佛法的参悟有十万八千个法门，每一个法门所表达的只是佛法的一种呈现，可以通过一种呈现顿悟到佛法的真谛，也可以学悟成百上千个法门，渐悟到佛法的根本。所以说老子《道德经》当中，洋洋五千言为我们所描述的，就是在现实维度当中理解至简大道的具体呈现。

查理·芒格说过：在商界有条非常有用的古老守则，分两步：找到一个简单的基本道理；非常严格地按照这个道理行事。

爱默生描述：方法，可能有成千上万种，或许还更多，而原理则不同，把握原理，你将会找到自己的方法，追求方法而忽视原理，你终将陷入困境。

美国自学专家乔希·考夫曼指出：无论你学习什么科目，其中最为美妙的事情便是，你不用知道所有知识点，而仅仅只需要知道一些浓缩的核心原理即可，一旦建立起核心原理的框架，学习知识甚至进一步拓展便是轻而易举的事了。

上述学者所说的古老原则、核心原理、一般思路都指向一个共同的方向，就是学习的核心任务是真正理解问题的底层逻辑，悟透此点，一通百通，正如毛泽东所说，“路线是个纲，纲举目张”。参悟至简大道既是方法，更是终生学习的初心和归宿。

《道德经》中的“有之以为利，无之以为用”是老子为“三师”指出的核心原理，是指导学习工作最底层的逻辑，是智识和慧识层面的认知，是“三师”的“道”。

在此“道”的基础上，“三师”围绕人们不同需求，开展了想象、论证、推敲和建造活动。

用“三师”的语境举两个例子。旅馆的核心空间是居住，所有其他围绕此服务的空间，尽管收益会比居住功能多，但是它的核心逻辑还是为了居住，除此，便不能称之为旅馆，因此可以出现胶囊旅馆这一极致状态的应用。以现代医学为主的医院是以创伤性治疗，即手术为主要特征，因此，现代医院的核心逻辑就是手术室的构成及其与其他空间的关系，及因此而推导出的医疗流线。现代医学的治、疗是明显可以分开的。作者在新加坡玉朗园区参观一所医院时，发现他们是把治、疗分开来解决的。在医院的治区有中心手术室，各科也配置了微型手术室，其理论就是，以手术为中心的治，是需要资源密集支撑的，而过了危险期以后，所谓的治实际上是疗，它对资源密度的需求就没有那么高，因此当把医院的治和疗分成两个区，就可以既解决治疗的根本问题，最大限度地满足患者的需求，又能够极大地节约投资，节约各项成本，包括医生的人力资源成本。

上述两例对“三师”之“道”的解释说明，任何对空间的需求里，总有一个牵一发动全身的部分，找到了它就可以事半功倍地解决问题。事实上“道”的呈现是千变万化的，每个人对相同问题的理解有所不同，通过体悟、消化、吸收，和个体的认知相结合，就产生了每个人心中不同的“道”，用其所熟悉的方式表达出来以后，会呈现出更加千变万化的形态，所以说尽管“道”是普遍遵循的底层逻辑，但是“道”不可教，只可悟。所谓的传道、授业、解惑的传道，事实上是一种启发、引导，即所谓:“迷时师度，悟时自度”。正因如此，对“道”的追求是无止境的，因为它是指导现实行为的魂。就像少林寺武僧，尽管他的武功操练得炉火纯青，但是没有佛法的加持，终究是不行的。

“术”是道的一种呈现，往往表现为知识和方法。知识是对自然或者人类社会的某一现象系统全面的理论阐述和科学解示，具有系统性的特征。方法是人们利用知识，借助工具解决问题的一种途径。

人自出生之初便开始了一生的学习过程，最初像动物一样利用本能观察和模仿，学习到一定的技能和建立对这个世界的认知后，结合固有的第六感逐步形成具有本底色彩的个人的认知体系，这个认知体系受到原生环境和自身遗传因素的影响十分明显，但是学到的这一类知识，自身并不能清晰地认识到，外人也只能通过其对某一现象的行为反应有所观察。而这一类认知对人的一生的影响至关重要，就好像计算机，装什么样的操作系统，会决定未来能够运行什么样的程序。这一类认知体现在人的行为上，常常称为潜意识，或者更专业一点的说法，称之为隐性知识。

人自进入小学直至参加工作以后的继续教育，一直在学习各门类的课程。每一个课程都有相对完整的体系，都会针对性地解决某一类问题，这些课程组成的相关内容称之为专业，是进入社会谋取工作岗位并为社会作贡献的必须基础储备。社会和科技的发展，知识总量呈现爆炸态势，由于大脑自然生理所限，学习的知识量总是有限的，人的记忆能力也是有限的，面对这种情形，广泛涉猎、旁征博引，在努力把书看厚的基础上，更应该学悟结合，注重把书看薄，要学透核心，悟透道芯，通过不懈努力，可以极大扩展人们掌握知识的量。事实上相当一部分知识不需要记住，除了一些核心的知识要点以外，我们所要建立的是一个知识图谱，在搜索引擎如此发达的时代，大脑只要抓住核心知识点，建立完整的知识图谱，就会极大发挥知识在生命当中的作用，才能在有限的时间和精力基础上，利用好更多知识。说得直白些，建立知识图谱有利于增加掌控的知识量。

隐性知识是习得性的，显性知识是获得性的。习得性隐性知识的形成受限于遗传和原生生存环境。获得性显性知识，更能发挥人们的主观能动性。尽管系统学习的过程都有老师教授，但是，能动性的学习研究应是其主流。弗朗西斯·培根曾说过：读史使人明智，读诗使人灵秀，数学使人周密，科学使人深刻，伦理使人庄重，逻辑修辞之学使人善辩，凡有所学，皆成性格。广博涉猎基础上的提炼不仅是针对人们的工作具有功夫在诗外的妙用，更是克服内卷的不二法门，这是数学给予证明了的。

道无术不显，术无道不远！

“技”是指人们某种行动和呈现的能力。能工巧匠的绝活，运动员高超的水平，文学家精妙的语言，艺术家惊艳的表达……绝美的时刻都表现出知行合一的精妙状态。所谓知行合一就是建立头脑和身体的连接。“技”

的学习过程可以是知其然不知其所以然的重复训练，进一步学到知识，进而参哲悟道。也可以是在既有的知识和参哲悟道的情况下，对内心的感受，通过技巧的一种表达。无论是正向的还是反向的，欲完成精准的完美呈现，核心一点就是反复揣摩和练习，达到技巧娴熟，手法精妙。有一种状态是没有魂的画作，技巧很高，但是没有表现真诚的感情，也就不能体现极致大美，不能达到广泛共情；有一种状态叫茶壶煮饺子，所学极丰，所悟极深，却无法用恰当的方式进行表达，也就不能达到沟通交流，影响他人、宣泄自我的目的。

“道”是魂，宜悟不易学，获得主要途径为悟，是纲领、统领、引领；

“术”是体，可教亦可学，获得主要途径是学，是当下、现实、实践；

“技”是行，修行在个人，获得主要途径是练，是表达、呈现、宣泄。

图 2　道、术、技三位一体

认知结构的三部分，适用于不同的情况，适用于不同的人，人人都需掌握，侧重有所不同。了解了这些，教育体系的改革就会清晰分出研究型大学、技术型学院和实践型学校的不同；了解了这些，针对自身的能力、特征，就会清楚选择主攻的方向：行行出状元，无论做什么，只要适合都会达到极致。

二、空间

“三师”思维之芯

曾几何时，一栋建筑的营造由一名工匠加几名助手便可以完成。一个城市的营造，从选址到建设，也不过是前者的放大。随着社会发展，在文明集中度最高的城市和建筑中，呈现出越来越复杂的状态，分工合作就成了必然，现代科技更是将这种分工发展到了极致。人们已经无法清楚地描述出与现代人居环境建设相关的学科和专业是何时在何种情况下分离开来的，其内涵和外延又都有哪些变化。随着分工越来越细化，各学科越来越独立，每个学科都发展出来一套特有的逻辑体系，演化路径逐渐开始远离当初共同的初心。这些不同专业和学科的工作者，工作对象是一致的，都是在大地上创作美好的画卷，都是为了创造适合人类工作生活、适合人类社会健康发展的空间。但是因为初心的背离和语境的不兼容，很多情况下各自为据，使各个学科的交叉和边缘地带矛盾重重，统一画卷不断出现一些难堪的景象。而一个城市无论多么复杂，毕竟是一个统一系统，一幅共同画卷，这幅画卷应当是和谐的、美丽的。在面临千年未有之大变局的时候，在现代科技对我们的生活产生极大的冲击和改变的时候，有必要回顾本源，寻找初心，用高维智慧再次审视人居环境这个巨系统的统一规律，使“三师”呈现的画卷能够应对变化，更加和谐。

“三师”的谋划与运筹，离不开对“三师”工作整体框架的认识。

1. 空间：目的之用

对于以空间为对象的“三师”的思维，老子早已指出了其核心原理。《道德经》第十一章中说道：“三十辐共一毂，当其无，有车之用。埏埴以为器，当其无，有器之用。凿户牖以为室，当其无，有室之用。故有之以为利，无之以为用。”这一章的意思是说：三十个辐条共同构成一个轮毂，其中是空的，但是因为有轮毂的存在，就有了车为我们所用。和陶土做成器皿，当中是空的，但是有器皿为我们所用。在墙上开凿窗户和门，构成了房屋，当中是空无一物的，但是有室为我们所用。因此说，有，是为了构成空间的便利，无，空间才是为我们所需要的。

人居建成环境，是人与自然的共处中所形成的文明高度集聚的区域，这个建成环境，是人类所建的人造空间，是人类活动的载体，本质上分为建筑之内和建筑之间。

建筑是起源最古老、边界最清晰的人造空间，创造这类空间的手法，无非是实体的围合，如原始的泥土墙、蓑草顶，现代的钢筋混凝土等；半通透的围合，如传统的木隔栅，现代的镂空板；以及透明的围合，如古老的贝片，传统的纸，和现代常见的玻璃。这类空间创造的初始动因，是人类应对外来侵害，防风遮雨，防止野兽侵害和敌对族群的攻击等，创造出了一个分隔边界，于是内外便产生了，进而公私便分明了。进入现代社会，无论建筑发展出怎样丰富多彩的形式，不论是资本的推动还是文化的影响，这个初衷始终没有改变。

清晰的边界是建筑的主要特征之一，但是因气候、文化、政治、宗教的影响，也呈现出多种形态，如干栏式建筑的架空层，东南亚建筑室内室外的开敞，形成了边界模糊的空间类型。更有特例，纪念构筑物的周边空间，尽管没有任何围合，但是，你会隐约感觉到它所影响的空间的存在，形成了心理上的边界。

最原始的居住形态，如历史发掘的遗迹所展现的，是小规模聚居。随着生产力的发展，社会结构的聚居形态逐步扩大，建筑聚集形成聚落，这一时期的建筑选址没有明确规则，除满足基本的安全、通行等功能需求，建筑之间基本是剩余空间。再进一步，为了群体防御的需要，在一组建筑外围建设了围蔽，“城”的雏形出现。随着规模不断增加，社会组织结构开始变得复杂并更有效率，人们发现，建筑之间空间的无序状态，不利于城市社会组织，于是开始对建筑选址及建筑之间的空间做出一定的规定，公共建筑的出现和社会组织功能的进一步发展，功能分区也自然产生，这便是城市规划的最初形态。《周礼·考工记·匠人》中“匠人营国，方九里，旁三门。国中九经九纬，经涂九轨，左祖右社，面朝后市，市朝一夫”的描述就是例证。

人类文明进步到一定程度，对美的需求开始独立出来，人们对于生存环境进行改造，从而满足对美的追求。最初是在自己生存环境的周边摘取或者种植一些花花草草，逐步发展到用植物并配合一些实体的材料，围合出一些相对独立的空间，供人们在生产生活之余享受，独立的造园匠人开始出现，后续发展演化出独立的专业和学科。由于文化演变的差异，中外各国风景园林的风格有很大的不同。不论风格有多么不同，它都是对人类本体栖居空间的一种补充，而非初始目的本身。

装饰和风景园林的产生有近似的过程，它们之间不同之处是风景园林除了作为某一空间的补充，还逐步形成具有独立性的一种空间类型，如花园。而装饰作为空间质量改善的一种手段，没有形成独立的空间类型，始终附属在某一类空间中，承担着完善和美化空间的作用。在某些特定条件下，园林设计和装饰设计，边界是不太清晰的。

城市设计是一个非常古老的设计类型，之所以到现在人们还在讨论，并没有形成一个学科，是因为它被隐藏在建筑设计和城市规划之中。在城市设计没有被清晰提出之前，建筑师在进行建筑设计的时候，把建筑周围的环境顺带进行了设计，而城市规划师在进行规划的时候，除了进行逻辑的推演，对城市各类用地、各种要素也提出了初步空间安排，比如道路的布局、宽度，功能的分区，随之就进入了具体项目的工程设计阶段，建筑之外城市之内的这一空间没有再进行专门的统筹设计。但是随着城市形态更加复杂，产权关系更加明晰，没有对这一类空间进行统一的运筹和设计，逐渐显现出问题：一是建筑之间的道路、广场、绿地的空间，似乎成了一种公地悲剧，没有人特意地关注。而人们对一个城市的使用感受是整体的，当你从一个豪华饭店走出来时，街道上的铺装破败不堪，行道树枯萎老朽，这样的一种体验，不但会形成在酒店内部和外部巨大的反差，人们对城市整体的良好感受更是无从谈起。因此有识专业人士开始关注这一空间的统筹设计问题。二是城市设计的目标空间，是城市发展过程当中，随着建设的不断推进而逐步形成的，似乎是城市各类建设工程完成之后的结果，这类空间的形成过程具有时间长、主体多、协调难的特征。每一项城市设计任务都有大量的已建成和大量的未建成，宏观的空间不知何时何种方式能够实现，微观的设计也无清晰的业主对接，城市设计师的介入时间和任务的完成时间没有了基准。三是人们混淆了城市空间中，宏观科学运筹和微观人本设计的概念。或者以科学的名义，用精英思维代替民众感受，粗暴地切割描画各类空间；或者把文化的诉求和民众的个体感受不适当地扩大到城市宏观运行逻辑的科学论证中。

如果把建筑的外墙作为城市设计目标空间的内墙，那么城市设计就是对城市边界之内，建筑围墙之外的空间的运筹。凯文·林奇关于城市设计的五要素：区域、边界、道路、节点、地标，就有了明晰的落脚点。不难看出，城市设计实际上是利用建筑设计、园林设计、装饰设计的手法来完善所营造的空间。现在有一种场地设计，似乎是城市设计的延伸，但两者的内涵和外延还是有较大差别。

综上，空间的谋划是人居建成环境之根本目的，是“三师”思维之本，作者称之为**目的之用。**

目的之用在于“有”“无”之间。无，是对空间本体的运筹，所涉及的专业有建筑学、城市规划、城市设计、园林景观等；有，是对空间的围合所做的工作，所涉及的专业有建筑结构、建筑材料、植物学、工艺美术等。

建筑设计是以虚、实的手法建造空间；

园林设计是以植、物的材料围合空间；

装饰设计是以软、硬的饰物完善空间；

城市设计是以上述三种方法营造空间。

利用人们心理作用而创造的，没有围合，但是能够真实感受到其存在的空间，作者称为场控空间。

人造空间以其尺度、形态、组合、肌理、光影综合作用，容纳着人类的活动，满足着人们的需求，同时也影响着人们的认知和心理，某种情况也会影响人们的行为。从围合程度来划分，广义空间可分为建筑内空间、过渡空间、建筑之间空间、场控空间和自然空间，从权属来划分可以分为私域空间和公域空间。

2. 设施：主动之用

建筑的出现，满足了人们最基本的生存需求。人们在建好的建筑中烤火取暖，抵御寒风暴雨的侵害，延长了温暖的时间，也不必过度担心野兽及敌人的袭击，可以安然入睡，这种形式延续了几千年。随着技术进步和认知变化，特别是社会结构中统治阶级的出现，建筑类型出现了比较大的分化，王权建筑明显区别于普通百姓的住宅，这类建筑内的更多需求被最早地关注到，比如室内取暖。生火取暖时不加强通风，烟雾使人感到不舒服，加强通风，仅有的一点暖气会很快流失，于是人们发明了在一个空间烧火，通过烟道把温暖的空气传导输送到另一个空间的技术，既解决了取暖问题，也提升了生活质量。再有，把饮用水和洗浴所用之水引到室内，把用后的污水排到室外，产生了初始状态的给排水系统。这些实例，在罗马帝国的城市中得到了广泛的应用。随着近现代城市规划学、建筑学的发展，类似的技术更多地应用到了建筑、城市之中。除了给水排水系统，供暖也产生了迭代升级，电力电信等新的科技得到应用，随着城市规模的不断扩大，交通也独立出来，成为一个十分复杂的学科。这些变化和应用，是围绕着人们所使用的空间而进行的，都是为了增强空间的使用功能，为了提高空间的使用效率和功能体验，是空间新陈代谢的必然需求，尽管随着时代的进步，其形式发生了变化，但其对应的空间需求没有发生根本改变，新陈代谢的过程没有改变。它本身并不是人们根本的使用目的，也并不改变空间原有的形态，而仅仅是为空间赋能，作者把这一类学科称之为**主动之用**。它包括交通、给水、排水、电力、电信、暖通等学科、专业。

主动之用是对空间功能的增强，是手段不是目的，但因其本身也需要占用一定的空间，因此与目的之用的矛盾就此产生，权衡二者的关系，需要根据适配关系进行权重的比较。

主动之用有四个共同的特性：源流性、系统性、级配性和不可替代性。

主动之用是为目的之用的空间提供服务的，把其所需输送到特定的空间，就是它的基本运作状态。自来水从水厂输送到用户，排放的污水收集回净水厂，人通过道路达到想去的地方，物资通过运输工具输送到该去的地方等，不难看出产出和输送两部分是主动之用的基本构成，因此主动之用的第一个特征就是产生源头和各种流的运行，人流、物流、水流、电流，能源流、信息流等，作者把它总结为源流性。第二，由于需求的差异，这种产生和输送不是一对一，而是一对多、多对多的状态。一座自来水厂，满足了上千户的用水需求，其空间表达图是树状的，树干起点是自来水厂，树枝末梢是每一个用户；交通和电信，每一个节点，既是起始点也是到达点，其空间表达图是网状的，每一个商场有来的顾客，有走的顾客，每一个工厂有生产资料的运进有生产产品的运出。这些源头、通道，都不可能独立运行，且它和目的空间之间具有较强的适配关系，牵一发而动全身，因此主动之用的整体特征十分明显，作者把它称为系统性。第三，在输送这些流的体系当中，是次第传送的，传送的通道具有明显的匹配关系。还用水厂举例，一座水厂向数千户居民供水，根据水量，出厂管径较大；到具体用户，用水量是个较小的数值，就需要和其匹配的管径。很难想象一个提供数万人饮用水的给水厂，它的出厂管径只有和末端一样的数值，而末端的水流还能够达到所需的要求。如果所有系统的管径都一样，为了达到末端所需，它的初始段的压力就要很高，这不但工程上不经济，技术上不可行，也根本无法达到持续运营的目的；再比如道路，城市之间的运输量和社区之内的运输量不可能相同，两种不同级别的道路就不可能是一样的宽度。目的之用的输送空间（载量、容量、带宽），具有次第关系，作者称之为级配性。级配性目标是使输送空间每一段的压强基本一致。第四，主动之用的不同需求，对应的功能是不一样的，其所输送的流也具有完全不同的属性，每一种主动之用的源和流所需空间也大不相同，给水管道输送的是自来水，排水管道输送的是污水，电线输送的是电力，道路输送的是人流、物流，不同类型输送空间不可能相互替代，作者把这种特性称为不可替代性。

这四种特性决定了在谋划建设前，主动之用要明确其为目的之用的服务功能，要明确配角地位，一旦建成，就具有较强的刚性，对目的之用的变化具有较强的约束。

主动之用的源流性，决定了其对空间的需求，是由线形和端点构成；系统性决定了其空间需求是树状和网状的。在树状和网状的结构当中，任何一部分的变化，都会引起整个系统的变化，任何一个局部断点，都有可能造成系统的崩溃，因此，对其局部进行调整改变的时候，必须回到整个系统进行校核。目的之用和主动之用在设计之初具有明确的适配关系，当目的之用做出较大调整时，如地块开发强度大幅增加，用地性质发生变化，主动之用的各个专业就要进行系统调整以达成新的适配关系。由于投资、空间和技术条件所限，部分主动之用的调整无法达到新的适配状态，如由于现状条件限制，不进行大规模拆迁，道路已没有拓展空间，在这条道路服务的区域大规模提高开发强度，就受到强力约束，这时就要重新审视地块新开发目标。级配性决定了在对节点和线性空间与其他空间进行权衡时，要考虑其权重差异，如大型公共建筑与支路发生矛盾时，支路要避让，高速公路与县城的一般用地发生矛盾时，一般用地要退让。不可替代性决定了其空间需求要谨慎谋划，统筹考虑，慎重调整。

上述的目的之用和主动之用是为人类宜居环境的基本构成。

3. 防灾：被动之用

有了目的之用，有了主动之用，似乎人类可以安居乐业了！但现实是人类与自然共存的博弈是一个永恒的话题，“安居乐业”永远是一个动态的过程，房屋仅仅是人类躲避自然侵害的最基本手段，人类面对的各种灾害有很多形式和巨大差异，也因此产生了各种应对的方法，它们包括并不限于：

地质：地势坤，君子以厚德载物。大地总是给人以厚重、博大、稳定的印象，但事实上，大地的变化微小但持续，能量巨大，它产生灾害的频率较低，可一旦产生，造成损害的强度和范围，都是不可承受之重。人们遇到和了解的地质灾害有地震、滑坡、雪崩、海啸、泥石流等。

气象：春有百花秋有月，夏有凉风冬有雪。我们所处的大气环境，带给我们春夏秋冬，百花繁盛，莺歌燕舞，但是俗话说得好，天气就像小孩的脸说变就变，气象带给人们的灾害时刻缠绕在我们周围。地球气象周期影响，人类活动的碳排放引起的温室效应等，使近些年极端气象的发生频率和强度呈不断上升的趋势，挑战着人们的生理和心理底线。这些灾害有狂风、暴雨（雪）、超温、雷电等。

水文：上善若水。水是生命之母，水滋润着大地，孕育着万物，人类天生就具有亲水性，文明的起源都发源于大河流域，这注定了人类历史是不断与水搏斗与共生的历史。当我们享受着水滋润万物之利的时候，也认识到水可载舟亦可覆舟，也在不断地总结实践着与水抗争的经验与办法。防洪、排涝，是人居建成环境的持续永恒的主题。这里包含两层意思，一是防止外水的侵害，二是排除内水影响。近些年实施的海绵城市工作，就是应对这类灾害的局部措施之一。

能源：宇宙运行的动力是能量的转换与运行。人类社会的繁衍生息，每一刻都在发生着能源的生产与消耗，现代社会如果出现能源的极度短缺，后果不堪设想，不仅仅是让人类回到原始社会那么简单。受能源结构和技术水平的影响，人类获取能源的途径和方式是有限的，还不能满足人类日益增长的生产生活的需要，同时，二氧化碳的排放对大气温度的影响，也引起了高度重视。因此，人们一方面在不断地发现新的能量获取方式和途径，同时也在想方设法改变生产生活方式，减少能源依赖，减少碳的排放。调结构，降能耗，提效率，是现在普遍采取的应对措施。绿色建筑和双碳政策即是针对这类问题而提出的。

卫生：随着城市化的进程，人类聚集状态向超大规模发展，聚居的密集使得传染病的爆发，成为难以预测和控制的公共卫生问题。现代城市规划学科的设立和发展，也和这类事件密切相关。这类灾害包括传染病、食物中毒、群体疫病、职业病等。

生物：人类本身也是地球生物圈的组成部分之一。但是因为人类具有其他动物所没有的智慧、能力，因此在平衡博弈过程中，人类占据了主动。人类的狂妄自大和对科学技术的过度崇拜与依赖，对大自然的生态平衡造成了严重损害。比如动物栖居地被人类侵占，生物多样性遭受破坏，化学品滥用对生态的损害等。

危化：科技进步为人类的生存提供了极大的便利，比如高分子材料的发明，高爆化学品的人工控制，抗生素和农药，生物制药等。但事物都是两方面的，这些新的发明给人们提供便利条件的同时，也给人类社会的正常运行留下了很多的不确定性，埋下了无数隐形的地雷，如放射物的泄漏，药品的不恰当使用，高爆燃物品的管理难题等。人类的生存危机不仅仅是大自然给我们的。

战争：战争是动物世界的永恒话题。在冷兵器时代，“三师”的工作，对战争防御有重要作用，比如建设城堡、建造高大的城墙、挖掘护城河等。现代科技条件下所发生的战争，除了强度前所未有，形式也发生了巨大变化，如电子战、金融战、数字战等。“三师”的工作，除了人居环境的重建，将面临更多新的挑战。

环保：工业革命以后，现代科学技术新成就使人类欲望不断膨胀，城市化、工业化对人们生存环境不断地造成侵害，有些已经到了无以复加的程度。这类问题不加以重视，未来人类文明进步所遭受的反噬，可能是其自身都无法预料的。保护环境说到根本是保护人类自己。

自然对人类的侵害和人类对自然界的侵害，呈现着不断加剧的情况。被动之用是因防灾而生，但防灾不仅限于被动之用的各项措施，在目的之用和主动之用中，也在进行着防灾的谋划，宜居环境的建设，不仅是实体空间，也包括韧性的建成环境。韧性是对抗灾能力的一种描述。被动之用既不增加人造空间为人所用，也不增加人造空间的功能，使其更好用，但它却可增强人造空间的韧性，增强人居环境的安全性，使其更宜居。应对此类问题，需要政治、法律、科技、工程等方面的相互配合，才能不断接近预期目标，任何一点生成性错误都可能造成非常严重的后果。安全问题十分广泛，也极其复杂，但总有一些原则可以遵循，作者把它总结为：识、避、抗、疏、祈、援，具体内容，将在本书后面章节中详细阐述。

4. 数字：未来之用

计算科学的进步使人类进入到数字时代，人居环境建设和“三师”工作也必然受其影响。

人类社会发展进程中，语言和想象力的产生，引发了动物革命，人类大量非血缘聚集成为可能，在自然博弈当中，脱颖而出，把团结就是力量发挥到了极致；植物和动物的驯化，促成了农业革命，人类摆脱了靠天吃饭的被动局面，农耕代替了自然，人口得以暴增；近代随着蒸汽机为代表的工业革命席卷全球，人类的体力劳动被替代，生产力得到了极大的提高，社会发展进入快车道；随着计算机的发明，人类进入了数字时代，智慧革命呼之欲出，人脑的一部分功能将被替代。

数字时代标志性的基础工程包括数据、算力、算法。

数据是智慧革命的基础，它已成为一种战略资源，没有足够量的数据，无法通过数据发现规律，无法达致量变而质变，智慧革命的进程将成为无源之水。数据处理包括感知、识别、分类、转译、存储、调用、传输、计算、归集等。算力，是智慧革命的保障，计算机的发明使算力发展成为可能，其精确、量大、持续的特性为人类的想象插上了翅膀。算力的进步，经历了从电子管到晶体管，从单机功能提升到超大型计算机，直到现在的云计算、量子计算等。算法，是智慧革命的灵魂，有了大量的数据，有了算力的保障，如何计算就成了问题的核心。就好像一个厨师，有了好的食材，有了优良的炊具，能否呈现惊艳的菜品，就在于厨师出神入化的操作过程。现在所说的人工智能，是指算法逐步模仿、接近，甚至局部超越人类的思维和智慧。数据、算力和算法的三位一体，构成了智慧革命的基本盘。

智慧革命科技在人居环境当中的应用，或者说“三师”工作当中的使用有三方面场景。第一个场景是大数据的应用，通过对大数据的智慧算法，使人们对世界的认知向前迈进一大步，发现从没有认识到的规律。第二个场景是现实空间的虚拟再现，目前有两大技术路线：实景三维和数字孪生，它们共同的特点是创造一个现实世界的虚拟空间，这个虚拟空间可交互、可计算。由于和现实世界关联，“三师”在现实空间当中所做的大多数谋划工作，都可以在虚拟空间中完成，空间运筹、环境监测、空间治理等不一而足。第三个场景是现实世界当中的万物互联，通过感知、识别、转译、计算，使现实世界当中的万物建立起连接关系，通过智慧算法，提升智慧城市、智慧乡村的建设、治理和运行。

任何新事物的发展都是有利有弊的，智慧革命也存在潜在的风险：第一个是大数据信息和个体信息。隐私与透明的转换，可能会引起人类社会法律、道德和伦理的风险。第二是算法的黑箱效应。目前人工智能还只是人类脑力的高级辅助工具，人工智能运行中，代替人计算不是问题，多大程度代替人的选择，是个大问题，存在着巨大的不确定性，这个不确定性扩大，对于人类不一定是福音。图灵测试，既是对人工智能的检测，或许也是对人类未来的预言。第三是丰富的现实世界数字化过程，这是一个极其复杂的过程，这个过程影响深远，可能是人类自我异化的开始。

四用统表　　表 1

目的之用	无之以为用	建筑　景观　装饰　城市
	有之以为利	结构　材料　植物　构筑
主动之用	强空　赋能	交通　给水　排水 电力　电信　暖通
被动之用	防灾	水文　地质　气象　卫生　危化……
	消祸	环保　生态……
未来之用	数据 算力 算法	万物互联　智慧治理 虚拟现实　人工智能

三、模型

“三师”锦囊之计

人们终其一生都在不断学习，不断研判，由于认知的局限，常会掉入各种陷阱，甚至被引入歧途。如何克服这一困境？需要有一系列思想武器指导知行。作者提炼的以下四个模型，可以为“三师”人居环境运筹过程中的需求提供帮助。

1. 哑铃模型

在研究认知能级图示的时候，作者发现，图中只有两种要素不断地重复组合，展示出深邃的道理，这两种要素最基本的构型，形似哑铃。确认这一发现后，作者有一种朝闻道、夕死可矣般的快乐！不同语境下很多深奥的道理，在这一刻都清晰起来，合而为一了：哑铃模型就是构成世界复杂关系的原细胞。

道德经中所说的一生二，二生三，三生万物，作者学悟多年却总是不得要领，总认为是二的基础上再加一个，三表示多，随生万物。提炼出哑铃模型后顿悟：这个“三”是裂变后的“二”之间的连接，两个系统及其之间的连接是万物起始，万物因此而生，万变不离其宗。

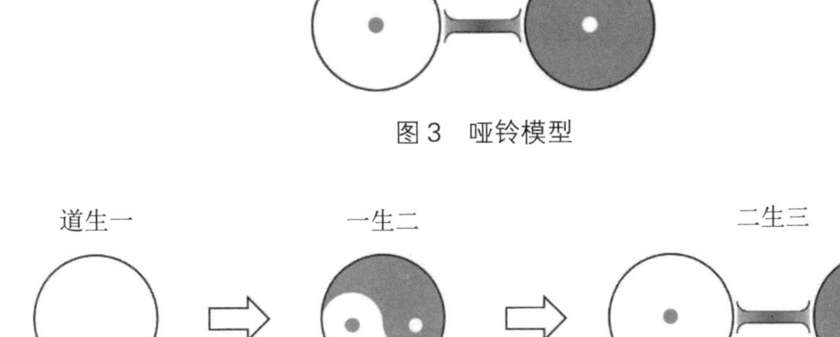

图 3　哑铃模型

图 4　三生万物

图论是 18 世纪初瑞典数学家欧拉在研究科尼斯堡问题时提出的，是应用数学的重要分支，其最基本的图形是给定的点及其连线，用来表达事物之间的关系。给定的点叫顶点，表示事物，连线叫边，表示事物之间的联系。图论在现代计算科学、编程学中应用十分广泛。在图论基础上发展起来的拓扑学，英文直译叫地志学，是研究地形地貌相类似的科学。

地理学研究的内容与连接，人工智能研究的知识图谱、神经网络，其基本构型都是哑铃模型。

哲学、宗教、科学，最终指向都可以用哑铃模型来表达，研究问题的基本框架就清晰起来：研判系统边界，认识系统内容，分析系统之间连接的形式、频率、强度。复杂问题的研究有了简洁清晰的路径，解构、重构方法由此而生。

系统一词指若干部分相互连接，相互作用形成具有某些功能的有机整体，这个有机整体又是它从属的更大系统的组成部分。人们研究任何系统，第一项工作就是研判或界定其边界，没有研判清楚边界状态，研究工作就失去了目标基准，边界界定不清楚不准确，对结果的影响可能是颠覆性的。

如果说地球是个大系统，各个国家就是其子系统，如果说国土是个大系统，人居建成环境就是其子系统，同理，“三师”工作所涉及的各个部分，是人居建成环境的子系统。

这些系统中，单项工程系统边界是清晰的，如一幢建筑，一个有围墙的单位等，这系类统，有四至，成片区状；有些就不是很清晰，如完整社区，其边界是市政道路，还是以居委会的管辖范围为界？抑或是以公共服务设施的服务范围的等时线为界？不同划分对后续的逻辑推演影响很大。而主动之用的各个系统，其形态是树状或网状，描述这类系统就不能用四至，而是其延伸到哪里，系统边界就在哪里。不难看出，谋划片区时，相互适配的目的之用和主动之用的系统边界是不重合的，主动之用的系统树形图、网状图，会伸到目的之用的系统片状图之外，在实际工作中，这点常常被忽略，以致进行逻辑推演时出现漏项或错配。

系统内容是组成系统的各个部分相互配合而形成特定的功能。第一是有哪些部分，其功能都是什么；第二是这些部分的适配关系是怎样的；第三是各部分对于系统的权重度。人体是个复杂系统，西方现代医学是源于科学逻辑，基于人体解剖而建立的，人体各个组成部分的形状、功能及其关系是清楚定量的，因果关系清晰且不可互置，这是科学逻辑的特征。但是人体系统的复杂性，用因为 A 所以 B 的逻辑解释，有很大的局限，因此，西医开始发展出整体医学的概念，就是吸收东方哲学的系统逻辑思想再审视人体系统，系统逻辑中因果是可以互置，并互为因果的。科学逻辑的关系是 A → B，系统逻辑的关系是 A ↔ B。“三师”思维中科学逻辑与系统逻辑应配合使用。

系统的连接是系统间各种“流”的连通和交换，所谓方式、频率和强度都是这种连通与交换的不同角度的描述。例如，医院中手术室与保障科室的关系和其与病房之间的关系是有很大差异的；城市中日常生活物品服务与住区的关系和大商场与住区的关系，其连接的频率、强度的差异也很大。

哑铃模型中每一个系统内又嵌套了更多的子系统，同理，这个系统也是更大系统的子系统。

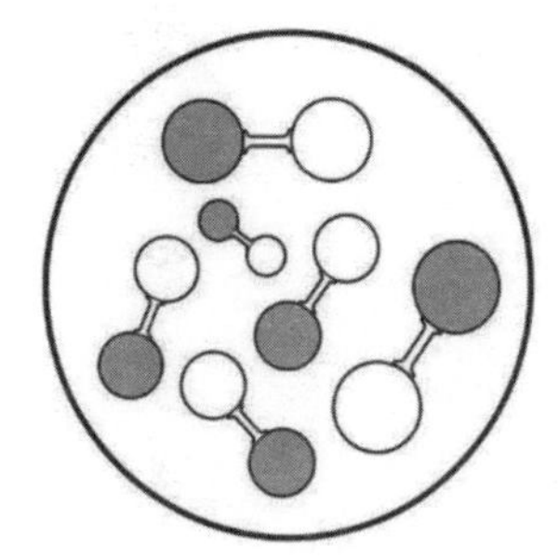
图 5　系统嵌套

哑铃模型及系统嵌套关

系，解决的是“三师”研究问题的基本框架。确保研究不重复不漏项，是研究成立的基本条件。

2. 标尺模型

人们工作生活中，无时无刻不在进行着选择，“三师”工作每一步也都牵涉选择的问题，这是“三师”运筹过程中最困难的。

我们所处的世界，不是非黑即白的，而是由渐变和突变交织构成的灰色世界，只有在极点处，才有纯黑和纯白。但是日常中为什么非黑即白的认知占了主导地位？这是因为，人的行动是排他性的，不能既做这个又做那个，进行选择的时候，只能是灰色认知，黑白决策，选择了一种状态，就意味着比选状态的机会成本最大化了。为了调节庞大群体的行为，人们发明了法律，对人的行为作出了明确规定，于是产生了违法与不违法的边界，违法要受到惩罚，直至夺去生命。有些不能或不便清晰界定边界的行为，人们就发明了道德、伦理、文化等形态，加以影响和约束，因此产生了日常生活中的对与错。那是对的，这是错的，这个是正向的，那个是反向的，这些博弈、妥协、规定了的边界，是群体约束的结果，是教育的结果，久之成为思维定式。自工业革命以来，科学语境占据了主导的地位，理性与逻辑成为生活中的圭臬，没有逻辑的推导，就是不科学的，不科学就是不可信的，新的科学成就，更不断强化着人们这一点的认知。但是，也正是心理科学研究，得出一个结论：人们日常所作出的选择，百分之七八十都是由非理性决定的。这产生了一个悖论：用非理性选择作出的逻辑判断，有多大程度是科学的？压倒性的科学语境也让人们忘却了人的本来面目，事实上，逻辑推演不可能直接推导出最后结论，最后结论常常是人们选择的结果。“三师”的工作，除了应用现代科技成果之外，有相当一部分内容，与人的行为密切相关的，人文理论的关注和应用也是对“三师”的最基本要求，这更增加了“三师”工作的难度。

作者把有关选择的思维模型，用标尺来表达，而没有用天平或者跷跷板的形式来表达，是因为天平与跷跷板的支点是固定的，影响平衡的只是两侧力的对冲状态，这容易在思想中产生固化的认知，即现实社会的很多问题是已经规定了对与错和正与反的。用这样一种思维去思考“三师”的工作，将会出现无数不可言语的僵化和错误，事实上，“三师”工作在进行多元要素的综合平衡分析过程中，评价标准是动态的，是随着环境、语境的变化而变化的。工作结果的评价，需要以在地群体为主的价值选择的最大公约数来确定，在此基础上进行科学推演。也就是说，标尺中人所处位置的评价，不但要看站在那里，还要看支点在哪里。

图 6　标尺模型

这个模型解决的是选择的标准问题。在涉及公共利益的运筹选择时，如何寻找、确定评判标准，是研究有效推进的前提。

3. 动力模型

“三师”工作重要的内容就是调查、分析、研究，以寻求解决方案。首先是广泛地收集资料，进而要对收集的材料进行研判处理，去粗取精，去伪存真，接下来重要的一步是对处理过的材料进行研究分析，对照目标寻求答案。这一步的分析方法有很多种，如 PEST 分析法、SWOT 分析法、逻辑树分析法、6W2H 分析法等。这些分析方法无论从哪个侧面切入，无论怎样改变分析要素的构成，最终都要归结成对于目标的作用。因此，作者追根溯源，创建了动力学为基础的分析模型，它具有更广泛的适用性。这就是愿力、阻力、动力构成的分析模型，简称三力（3P）模型。

这个模型解决的是目标成立的平衡问题。目标的实现无一不是多种力量妥协的结果，在平衡点上，结果的实现是顺利稳定的，远离平衡，总有回调的不确定性。

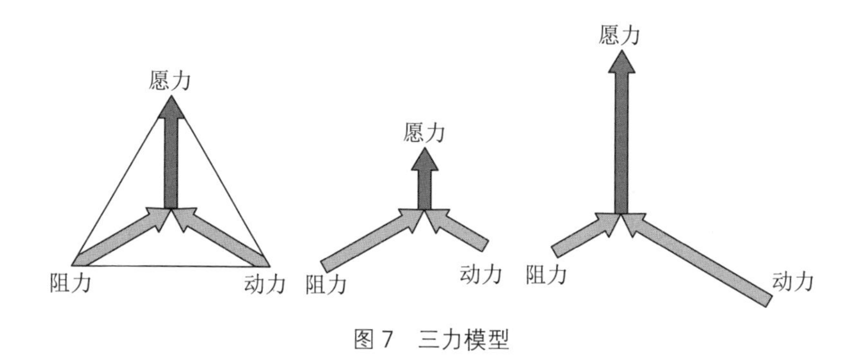

图 7　三力模型

4. 迷宫模型

“三师”工作是系统性、前瞻性的，尽管最终落实都是当下的现实操作，但实践的能效评价是要由时间来验证的。预测准确性是决定长期成败的重要因素。战术必须要由战略为指导，才能不失方向。战略是势，是事物发展的大的关系。建立这种认知需要忽略中微观颗粒，最大限度拓展认知抵达范围，非此不能达成。实现路径就是扩大视域，延长时轴。

坐飞机的时候，随着高度不断上升，大地上的景物不断发生着变化，尺度较小的人、物逐渐变小直至消失，这时目之所及范围扩大数倍，看到的是山川河流，大型人工造物，成片的城镇村庄及它们的关系。这种扩大视域范围，使中微颗粒消失的方法是发现大尺度关系的重要视角，这种背负青天朝下看的视角就是战略视角。“三师”工作中要准备比工作范围大得多的图纸，后退观看，你会发现与计算机荧幕上完全不同的世界。

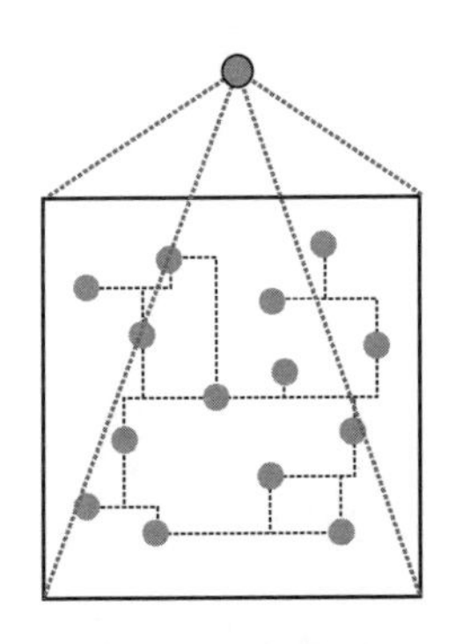

图 8　迷宫模型

人生短暂，我们所处时代，在历史长河中不过是短短的瞬间，对当下事物的对错、强度的判断都受时代局限，打破这种桎梏的方法是延长时间轴，放到历史与未来中进行观察，有了波澜壮阔的画卷作为参照，对很多事物的认识将大大改变。

这个模型解决的是战略思维问题。谁发现并把握了战略，谁就掌握了主动权。

四、运筹

“三师”四步之法

“三师”的工作，不论哪个细分学科，运筹之始总要回答几个问题：想要做什么？可行吗？有更好的吗？怎么做？这些灵魂的拷问，是“三师”运筹中所应思考的内容，也是“三师”思维的脉络。

我们经常听到几个词：策划、规划、设计、计划。建筑前期策划、建筑设计、城市规划、城市设计、交通规划、交通设计、景观规划、园林设计、市政规划、市政设计、旅游策划、景区设计、品质提升行动计划等。这些项目类型共同目标对象是人造空间的创造、优化，共同特征是“问题－目标”导向，是对共同对象的不同部分、不同侧面，借用不同技术方法进行研究，提供解决方案，往往都有全面研究、细节分析、横向对接、整体谋划。但是，因为系统复杂性和要素多元性及叙事语境和角度的不同，这些项目常常出现诸多矛盾。实践中经常看到针对同一对象的规划与设计，很难整合成一幅统一和谐的画卷，项目本身经常出现边界不清，概念混淆，理念缺乏，逻辑混乱，技术堆砌，做规划说了很多设计的问题，做设计说了很多计划的问题等，而特色缺乏，罗列穷举，以偏概全，缺意少项更是屡见不鲜。

高校分门别类的学科原理和设计实例，大多数是经过提炼加工后的八股，易于教和学，但是由于学生并不真正了解形成这些学科原理背后的思维逻辑，实际应用中会出现知其然不知其所以然，照葫芦画瓢的现象，教学体系还缺乏特色鲜明的思维课程。规划思维、设计思维、逆向思维、创造性思维，不同切入点的思维方式，是学习的真正灵魂，缺少了正确思维方式，哪怕学到的知识点再多，也难以做出好的运筹方案和优秀创新实践。

作者工作期间，也曾有无数困惑。刚入职场，每接到新的任务，既跃跃欲试又十分茫然，常常不知如何下手；做技术统筹，对熟悉和已知信心增加，对更多未知认识模糊；进入领导岗位特别是综合部门领导岗位，认识到决策的参考体系中，技术问题仅仅是其中一部分。书海寻觅，求助名师，上下求索，不断积累，产生了很多感悟。近些年参与各类项目评审、咨询过程中再次感受到，不成体系的感悟，就像没有关联的知识，于事所补效果甚微，逐渐开始思维逻辑的系统化探索，历时五年形成了逻辑自洽的思维体系。该体系适用于“三师”谋划运筹全过程，对大文科体系的创意设计也具有一定的参考价值。

作者把这套思维体系称之为**“三师”的四步运筹法**。

“三师”的每项工作都由四个阶段的思维构成，一环扣一环，不可乱顺序。最初作者曾经把它们命名为策划、规划、设计和计划。但是深入下去发现这样容易把思维过程和实际项目混淆，根据这四段思维内容，即做什么、可行吗、还有更好的吗、怎么做，作者将其命名为：**愿，谋，划，行。**

愿：是对于诗和远方的预设。解决引领和统一思想问题，回答想要做什么，是必要性的论述。可以是无中生有的愿景，也可以是中远期目标。

谋：是对于预设的逻辑安排。解决可行性问题，对预设目标进行逻辑推演，进行各种可能及适配关系的优选、运筹。

划：是对于预设的空间安排。解决方案优中选优的问题，同一个逻辑框架下，可以有无数个比选方案，没有最好，只有更好。

行：是对于安排的实施措施。解决项目的实施过程中，整体目标始终相对完整。

1. 愿：目标的引领

凡事预则立，不预则废。

古有成语成竹在胸，今有时尚描述诗和远方。以色列学者尤瓦尔·赫拉利在他的《人类简史》中曾说："人类语言真正最独特的功能，并不在于能够传达关于人或狮子的信息，而是能够传达关于一些根本不存在的事物的信息。据我们所知，只有智人能够表达关于从来没有看过、碰过、耳闻过的事物，而且讲得煞有介事。在认知革命之后，传说、神话、神以及宗教也应运而生。讨论虚构的事物，正是智人语言最独特的功能。”“然而，虚构这件事的重点不只在于让人类能够拥有想象，更重要的是可以一起想象，编织出种种共同的虚构故事，这样的虚构故事赋予智人前所未有的能力，让他们得以集结大批人力，灵活合作。”“无论是现代国家、中世纪的教堂、古老的城市，还是古老的部落，任何大规模人类合作的根基，都在于某种只存在于集体想象中的虚构故事。”即便在科学语境下，现代物理学也把想象力的作用发挥到了极致。霍金在他的《大设计》中描述到:“现代物理是基于诸如费恩曼的与日常经验相抵触的概念之上。因此，实在性的幼稚观点和现代物理不兼容。为了对付这样的自相矛盾，我们将采取一种统称为依赖模型的实在论的方法。它是基于这样的观念，即我们的头脑以构成一个世界模型来解释来自感官的输入。当这样的模型成功地解释事件时，我们就倾向于将实在性或绝对真理的品格赋予它，也赋予组成它的元素和概念。但是在为同样的物理场景做模型时，也许存在不同方法，每种方法使用不同的基本元素和概念。

如果两个这样的物理理论或模型都精确地预言同样事件，人们就不能讲一个模型比另一个更真实；说得更确切点，哪个模型更方便，我们就随意地使用哪个。”这清晰地告诉我们，想象的模型是现代物理解释世界的起始点，构建模型的方法可以有无数种，不同方法构建的模型可能都很好地解释同一现象，哪个方便就用哪个。这和本书前述的道和术的关系吻合。

“三师”在接手任何项目的第一时间，必应有一个先导，它是对诗和远方的预设。它的名称由于内涵的细微差异有很多不同的表现，策划、愿景、理念，不论如何描述，它们都指向一个共同方向，就是现实中没有，而我们心中希望它成为的样子。这个预设是非理性的和非逻辑的，是方向、灯塔、灵魂和动力的源泉。“愿”由“三师”提炼、提出，由关联各方及相关因素修正，由决策体系确定，作为后续工作的方向。它是项目关联各方寻求共识的过程，是决策者把握方向的抓手，是“三师”逻辑统筹的目标。

想象力是“三师”不断创新的动力源，没有了想象力，思维就会枯竭，创作就没有了魂，知识再丰富，行动再努力，也没有了方向。想象力的训练不但要从小抓起，我们日常当中也要有意识地打破固有认知的藩篱和文化的桎梏，逐步训练出空灵的头脑，如炬的思维，如此便会不断涌现出无中生有的想法，爆发出不竭的创新源泉，这个过程是跟随内心的。

“愿”的产生无固定路径，但也不是无章可循，常用的促进“愿”萌生的方法有：

原力引领，无中生有；

跨界组合，新生物种；

逆向思维，打破枷锁；

问题导向，搬开石头；

全息视角，查缺补漏；

工匠精神，打造极品。

创新的第一种方法：愿力引领，无中生有。路径是清空大脑，只有脑中空灵如炬，才能洞悉因缘聚合，正所谓“心无所住，生其心”。创新大师乔布斯为了保持不竭的创新能力，曾长期进行冥想，他在谈到冥想的体验时说：如果你坐下来静静观察，你会发现你的心里有多焦躁！如果你想平静下来，那情况只会更糟。但时间久了总会平静下来，心里就会有空间让你聆听更加微妙的东西，这时，你的直觉就会开始发展，你看事物就会更透彻，也能更感受现实的环境，你的心灵逐渐安静下来，你的世界会极大延伸，你能看到之前看不到的东西，这是一种修行，你必须不断练习。通过这种方法，他所创造的苹果奇迹，极简却深深地打动人心。所谓的冥想、静思、清空大脑，不是什么都不想，而是训练对脑中念头的掌控能力，让手电筒光线般散射的纷乱念头，汇聚成激光般的专注，这时的洞察力异于平常，所发愿力清晰而坚定。作者称这种方法为愿力引领。

创新的第二种方法：跨界组合，新生物种。把一些条件排列组合在一起，用某种方法检验其是否成立，这往往是不断进行逻辑推演的过程，也是不断试错的过程，一旦条件契合，所谓创新就横空出世了。软银董事长孙正义是一个极具创新精神的人，他在美国读书期间，为了激发创新想法，做了很多扑克牌，上面写着不同的词汇，每天不论上课、吃饭，都把这些扑克牌进行各种组合。忽然有一天吃饭的时候，他把翻译和电子产品这两张扑克牌放在了一起，脑中如闪电一般产生了一个想法，为什么不能做一个电子翻译机呢？想到马上行动！他找到了学校的有关教授，用未来的股权作为条件，说服教授们同他一起研发。于是，世界上第一款电子翻译机诞生了。孙正义得到了人生当中第一桶金，开启了开挂的人生。根据“划理论”的哑铃模型，系统间的连接是最丰富多彩、千变万化的，它连接两个原本不相关的系统，产生了新的事物，是三生万物的关键一步。作者称这种方法为跨界组合。

创新的第三种方法：逆向思维，打破枷锁。人们被自己的隐性知识和显性知识所影响，久之，形成了惯性思维。这种思维对于融入社会，提高生活和工作效率，降低与社会沟通的成本具有十分重要的意义，但同时也会限制想象力，使人们囿于一个固定行为模式中不能自拔，严重的会彻底扼杀创造力。创造性思维的培养，很大一部分内容，就是训练如何打破固有认知，形成逆向思维，这种思维形式的发挥，常常可以产生十分奇妙的效果。作者就曾经经历过一个事情：上大学的时候，有一天刮大风，自行车停放的位置正好是高层建筑过街楼下，这个风口风力很大，车刚刚停下，一转身就被吹倒，回去把它扶起，没走两步又被吹倒，由于当时已接近上课，因此就没有再扶起来（不是主动选择）。同学问我：你干嘛要把它扶起来？我顿悟！这是一个很典型的惯性思维的例子。通常自行车是站着的，一是省空间，二是便于使用，但是条件发生了变化，而我的思维却没有变，在大风一次次把它吹倒的时候，我却一次次把它扶起，可见惯性思维对行为影响有多大！打破惯性思维，就是要对司空见惯的事物问一个为什么。改变路径依赖是创新的有效途径。作者称这种方法为逆向思维。

创新的第四种方法：问题导向，搬开石头。人类社会是在不断创造愿景，不断克服困难过程中向前发展的。克服各种困难，解决各种问题，是人们行为当中的常态，以解决问题为导向的创新，在所有创新当中占比最大。小到拉链、别针、六角形截面的铅笔，大到城市排水系统的创建（公共卫生），和飞机应加强部位的选择（幸运者偏差），无不是在解决一个个问题中形成的创新。问题永远存在，解决问题的步伐也就永不停歇，每解决一个问题，就向山顶前进了一小步，一步一步地攀登终究能达到顶点。有的时候，我们不得不走一段下坡的路，因为下一个目标是一个更高的山峰，只有先下山才能再上山。作者称这种方法为问题导向。

创新的第五种方法：全息视角，查缺补漏。无中生有的预设是创新的主要途径，另外一个途径就是从更高的维度审视事物的发展方向和未来趋势，即所谓的战略研判，是我们常说的大格局、全息视角，在这个视角下，能发现常规不易发现的问题，解决这些问题常常起到事半功倍的效果。门捷列夫发现元素周期表之初，表里还有很多未被发现的元素，但由于掌握了整体规律，他准确地预测了未发现的元素性质，后来的事实完美地验证了预测。作者称这个方法为全息视角。

创新的第六种方法：工匠精神，打造极品。无中生有的想法天天有，可以实现的并不多，这并不是放弃理想的理由，人们应做的就是把握好当下，把每一件事做到极致。曾经有一段时期，日本电器横扫世界，很多国家在不断地模仿，但是即便使用同一套图纸，同一批配件，其质量也与日企差距巨大，最终发现组装过程中的流程和精益求精的工匠精神是造成差异的原因。用哑铃模型可以解释：系统的整体效果，不但取决于子系统的优劣，也取决于子系统间的适配和连接。作者称这个方法为工匠精神。

上述所说的愿景引领、跨界组合、逆向思维、问题导向、全息视角、工匠精神等方法，是众多创新路径的一部分。每个人都可以创造出所擅长的方法。一旦闸口打开，思维将像奔腾的江水，一泻千里。

2. 谋：关系的适配

人们预设的“愿”如果不能与现实产生关联，那么预设就不再是理想，而会成为幻想或者空想，而基于预设创建某些逻辑，努力去践行，最终变为现实，这个预设就成为理想。每个人做事会有一个理想，“三师”的工作更是为大众践行理想，有了理想就有可能实现，欲实现理想，就要建立一套针对理想的逻辑框架支持其可行性。这个过程就是“谋”。

所谓逻辑泛指规律，就是在要素之间建立某种关系，由思维规律保障始，至客观规律构建终。学术上包括形式逻辑和数理逻辑，形式逻辑包括归纳逻辑与演绎逻辑。日语把逻辑叫作论理，即讨论或者论述某些道理，这就非常直观。

在软件设计领域常常听到一个词叫架构师。在一般人的眼中，软件工程师的工作就是一行一行地写计算机语言，事实上真正重要的是整体架构的建立。架构师的工作成果决定了软件在商业市场中的生死。一般的软件设计首先是架构的建立，紧接着是逻辑设计，最后才是机器语言的写作。“三师”的工作似乎天然就是架构师和工程师为一体的，中国工科大学的目标曾经都是工程师的摇篮，每一个专业主攻一类问题的解决。随着分工的细化，现实项目中越来越感受到整体系统思维逻辑的建立是多么的急需。在决策系统收到不同“三师”的成果时，往往需要在大脑中进行一次再创作，才能使“三师”的画卷统一展现在脑海中，没有这个再创作的过程，决策者对不同“三师”的成果所进行的表态或者决策，往往都是分立甚至是悖论，幸运的，短期内展现了一定的效果，不幸的，往往会对系统造成不可挽回的损失。事实上决策系统总希望有一个声音，把需要决策的方方面面的问题，用一个逻辑，一种语境，统一地展现出来，以免决策者进行再创作的过程中出现偏差，而现实中，这种情况可遇难求。从需求侧来评估，通才的“三师”才是真正的好“三师”！

“三师”所“谋”，指向是人类对空间的利用需求，归结点是人，以人为本既是以个体的人为本，也是以群体的人为本，即为人类的今天，也为人类的未来。伟人曾说过:“所谓仁政有两种：一种是为人民的当前利益，另一种是为人民的长远利益。前一种是小仁政，后一种是大仁政，两者必须兼顾，不兼顾是错误的。那么重点放在什么地方呢？重点应当放在大仁政上。”因此“谋”的推演重点清晰了起来。

“谋”是对系统逻辑的推演和选择，因此一是要明确系统的边界，二是要清楚系统本身内容协调运行的条件，三是确认系统与其他系统的联系。这里用到了前述的“哑铃模型”。系统间“谋”的原则是关系的适度。从人性角度出发，总希望本系统利益最大化，从理性的思维出发，关系的适度才可持续，是持续利益的最大化，而不是短期利益的最大化。系统间关系的选择，往往是博弈的结果。系统内“谋”的原则是整体最优，而不是局部最优，系统内部的选择除了有博弈，更多的是妥协。

1949 年以后，在中国实行的是计划经济，发展的愿景是大统一的，国民经济与社会方方面面都由国家计划部门统一进行计划和安排，这套推演的逻辑是独立的，其假设是计划可以很好地预测市场，安排市场，从而更好地促进经济与社会发展，满足人民的各项需求。而在城市建设系统的表现，是严格的计划下达和各项定额的确定，城市发展要遵循国民经济计划，“三师”要按照计划部门下达的任务书工作。这些国民经济计划和任务书的编制，不是由“三师”来完成，而是由计划部门完成，“三师”的工作就是在这些计划和任务书的指导下去完成具体内容。这种体系下训练出来的“三师”思维，基本上不需要进行“谋”，大多数任务只要按照上级下达的任务书完成就可以了，对任务书内在逻辑往往是知其然不知其所以然，主观能动性都限定在对空间的排列组合和营造的科技创新上。逻辑推演和空间安排由不同部门完成所造成的困惑就是“三师”不需要深入了解逻辑是如何推演出来的，而逻辑的推演者，即计划的制定者并不十分了解“三师”工作的一些特性和客观规律。事实上无论什么样的计划，无论如何准确和周密的安排，变量总是无处不在的，如何应对这些变化，计划经济的短板就十分突出，它排除了市场要素对资源的配置作用和人的主观能动性的发挥，刚性过强而弹性不足。

1978 年实行改革开放后，国民经济由单一的计划，逐步转向了社会主义市场经济，就是既有计划的主导，也有市场灵活的调节。计划不再僵硬死板，具有更大的包容性，市场也不是完全的自由，需要在一定的约束下，发挥其对资源配置的主导作用。在这一过程中对“三师”的要求发生了根本的变化：一个是委托方的变化，不再是单一的由政府或者国有单位进行委托，市场的任务逐渐丰富起来；第二个是“三师”所接受的任务，有相当一部分不再有清晰的任务书，而任务书实际上是逻辑关系推演决策后的结果，这对“三师”工作提出了更高的要求。一段时间我国高等教育没有跟上这个变化，老师只是教授“三师”的术，教授他们完成工作的技能，没有真正引导他们去深入思考，并训练出完整的逻辑推演能力。相比之下，国外某著名高校新生入学的第二个作业，是让学生们对传统街区一栋空置旧房的使用进行研究，规定在三个月完成，期间不允许画图，只要求学生们提出一个研究报告，这个报告不但要描述这栋建筑的状况，还要对整个街区的历史、文化、民俗以及住区百姓的诉求，进行深入的调查和研究，并对其在这个街区甚至城市更大范围当中的地位和作用进行判断。同学们提出了各自的使用设想，创意方案，发散思维。当然这个作业没有标准答案，同学们提出的各种设想也不简单地进行优劣划分，这个作业注重的是研究过程，是学生思考能力的训练。当听到这个实例的时候，作者回想起自己大学一年级所完成的作业，不禁发出了深深的感慨。现在高校的教授们，已经深刻地认识到这个问题，在 2021 年第一届大文科系统设计专业教学改革研讨会上，有的教授提出，设计专业的入学考试，不应该考美术，而应该把学生的作文和策划能力作为主要的考试内容，这实际上就是把学生的研究和逻辑构建能力，放到了和设计呈现一样重要的位置。清华大学等高校也把前期策划作为学生一项基本能力训练，纳入议事日程。这是一个很好的现象！

实践比人强，现实中这方面的变化最早发生在城市规划领域。广州是我国改革开放最早的城市之一，2000 年，为了编制城市总体规划，广州在全国率先开展了战略规划的研究和编制。这个规划的编制适应了改革开放之后经济社会所产生的新变化和需求，它是不满足于我国过去计划经济时代城市发展的愿景描述和逻辑谋划的一种积极探索，是城市规划师思维丰满且完整的开始，规划师作为城市谋划的主体，开始走上历史舞台。规划师不再只从事法定规划的编制，更多类型的非法定规划开始大量出现。它既是规划师对城市发展更广泛更深入的思考和研究，也是对法定规划非常有益的丰富和补充。

“谋”作为一种逻辑推演的过程有其自身的规律。普朗克曾经说过：无论多么复杂的问题，都可以分解成最简单的可执行的内容。事实上复杂的巨系统，都是由一个一个简单的问题和部分所组成的，之所以复杂，就是简单部分的相互关联有无穷多的可能性。因此“谋”的主要任务即是辨析、解构系统，也是把这种关联建立起来。在解构与重构中办法产生了，问题解决了，故事完整了。

“谋”从层级上分，由宏观与微观构成；从向度上分，一级目录有六个方面。

作者依据理论研究和实践思悟，提出“三师”的思维层级框架，分为宏观和微观两个层级；所谓宏观和微观不仅仅是尺度上的差异，内容上也不尽相同。宏观更多的是抽离了人性、文化等有关内容的科学逻辑呈现，这时的人是被抽象了的物态，其逻辑推演判断基础是理性的，只有度的差异，没有对错之分，适度是其根本法则，整体均衡是其最优态，这个最优态随着条件和时移而变化。这个优态是确保系统开放、和谐、高效和自洽运转的基础。而微观更关注人们的文化发展和习俗演变，更多考虑在地族群的感性认知，是感性认知和环境条件的契合态。这两方面的一方发生变化，即产生非均衡态，变化有剧烈和缓慢，环境条件的变化对族群的冲击，最终的影响是深远的，而文化固化的阻碍性，文化变化的被动性，文化外溢的侵略性对族群长远的潜移默化，也不容小觑。因此在微观逻辑推演时，更应该关注人文，把人的感性认知和文化习俗契合到现代文明时空中，使人真正能够体验时代给人类提供的温暖、祥和与充满希望的生活。

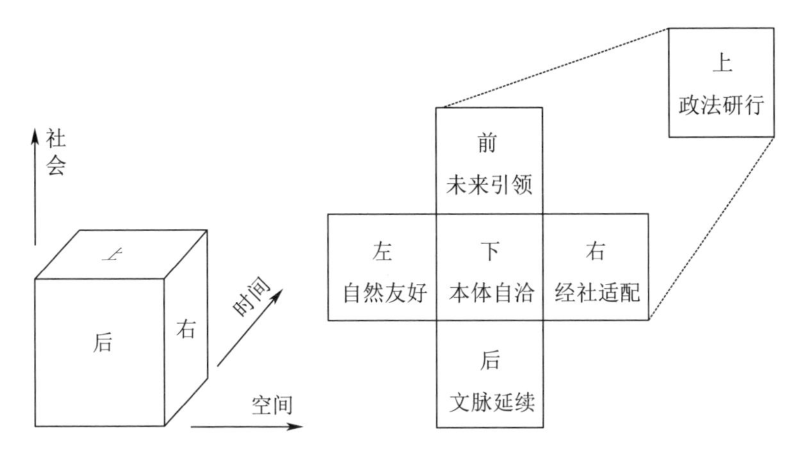

图 9 谋之逻辑架构

逻辑体系的构建，从一级目录上可以分为六个向度，简单地叙述为瞻前顾后、左顾右盼、上瞅下看。

瞻前是未来的引领，顾后是文脉的延续，左顾是自然的友好，右盼是发展的适配，上瞅是政经的研行，下看是逻辑的自洽。瞻前顾后是时轴，左顾右盼是域轴，上瞅是系统本体的外适应，下看是系统本体的内适应，建立这个思维模型的一级目录，就会在科学论证时确保不缺项，不缺项是论证成立的基础。

未来是人类的希望，想象力是人类社会不断发展的不竭动力。“三师”工作，考察的是过去，研究的是现在，而真正描绘的却是未来。规划、设计好坏，无法用单一标准进行衡量，但是能否引领，有无灵魂，是获得共鸣与认同的最根本的因素，共同愿景是引领人们奔向未来的法宝。前述的“愿”是目标，这里的未来是围绕目标的故事线。

人们身处的当下是历史河流当中的一个截面，人们也许不会知道向何处去，但是应该知道从何处来，那是根，是源，文脉的演化与延续之于我们怎么描述都不为过。事实上这不但关系现在，也关系到未来。这方面工作有三个需要注意的问题。第一个是认知问题，能否真正认识到历史与文脉对现在和未来的重要作用；第二个是历史信息的真实复现问题，这既受方法影响，也因科技而进步；第三个是历史传承与保护的理念和技术问题，历史长河中的全部信息，无论科技怎么样发展，都不可能全部保留下来，即便是发掘的部分信息，也不可能全部保留下来，如何取舍是考验智慧的选择题。是留下某个历史时刻的实物记忆，还是留下历史长河中的若干片段串起来的珍珠项链，这个在业界一直存有争议，没有达成一致。

作为动物的人，本就是自然的一部分，人类社会创建之初，就有先贤清晰地指出天人合一的重要意义。人们应对自然的各种人造工程、人造空间、人造材料，使人们在与自然的平衡过程当中，取得了一点点成绩，由此人类认知不断产生微妙的变化，对自然的敬畏也逐渐淡去。各类自然资源经过改造均可变为资产，这不断刺激着人们的欲望，这种欲望的能量不断单向加码，使近现代人类社会产生了很多难以克服的问题。随着问题的不断重复和加剧，人们逐渐认识到现代生活方式的不可持续，敬重自然成为人类的最重要课题，环保主义开始在全世界引起重视。但是因为国家、区域、族群的利益博弈，资本的推波助澜，在这方面的认知还远没有达成统一，对自然的侵蚀和破坏还在不断发生。我国改革开放的进程中，类似问题也曾十分突出，国家层面对这一类问题开始予以足够的关注，对规划系统的整体改革也已开始，碳达峰、碳中和政策的实施，对生产、生活的影响也会在未来几十年逐渐显现。作为人类生存空间的运筹者，“三师”的思维必应引领性地作出改变，除了关注人类今天的发展，更应关注未来永续的生存。“三师”工作中，与自然环境的关系就是一项必修课。环境友好必须成为“三师”永远坚持的原则之一。

不论是自然的生态系统，还是人类的社会系统，抑或是人工创造的工程系统，都遵循热力学第二定律，即系统的开放性和能量的交换是系统良性运转的基础。因此在研究某个系统时必定要先搞清楚这个系统周边的条件及其变化。“三师”的研究除了自然条件外，变化最多最复杂最难以把握的还是社会发展各类条件的聚合演变。“三师”对目标系统的运筹，即系统的创造和改变的决策，很大程度取决于周围条件的变化，不了解周围条件演化规律和条件限定，就难以对目标系统科学研判，更无从谋划创造一个运转良好、生命力旺盛的可持续系统。大到全球化的变化、地缘政治的动荡，中到双循环的政策、双碳的施行，小到本地区经济人口的变化、年轻人生活理念的日新等，都是影响运筹的因素，不得不察。

政治的方向性、法律的约束性和政策的引导性，深刻地注入了人类社会的每一个细节。政治影响是大势，法律约束相对固定，而政策引导却变化多端。这些影响决定着经济的走势，博弈关系的变化，甚至人们生活习惯的改变，从而决定性地影响着“三师”决策中的选择，这是“三师”“谋”过程的重要参量。

系统的运行规律是以系统和谐最优为目标，一个系统的良好运行离不开系统每个部分的适度、配合，而系统中的局部不适配，或超前或者滞后，都无法使系统正常运转，甚至对系统整体造成损害。原始的人类像动物一样，随水草而居，应气候而迁，茹毛饮血，顺应天然。从人类文明起始，为了生存与发展，人类开始学会创造性建立属于自己的栖息地和应对空间，人造空间就此发端。纵观现代人造空间，基本都由四大部类组成：劳作，生存之基：栖居，生存之本；保障，生存之要；服务，生存之品。相对应的可称为产能系统、耗能系统、赋能系统和润行系统。所谓产能系统就是生产人所必需和社会运行所要的产品，此类空间如工厂、车间等。它包括生活必需品，如食物、衣服；包括生活衍生品，如工具、车辆；也包括消耗循环品，比如水、能源。所谓耗能系统，就是人类使用、消耗以上物品，从而保障其繁衍生息，其空间如住宅等。所谓赋能系统，就是为产能系统和耗能系统提供其运行必需品，使其能够正常运转，其空间如水厂、车站等。所谓润行系统就是在上述各个系统之内和之间提供各类服务，它使产能系统更有效率，赋能系统更加顺畅，耗能系统更加人性，其空间如学校、医院、商场、仓库等。从上结构可以看出，人类所建构的空间中，结构性部分是其骨，具有一定稳定性，如道路骨架、市政系统、大的分区等，利用的部分是其肉，如具体地块的使用功能，具体房屋的利用情况等，所有部分都有对应关系和占比，错位便不能很好运行。计划经济时期，规划编制的总体规划、分区规划、控制性详细规划和修建性详细规划，就是一层一层地分解、细化各部分比例关系，落实其关系的对应衔接。进入市场经济时期，由于市场变量增加和其不确定性特征，空间的谋划增加了更多变数，在“谋”的过程中，增加了选择和平衡的难度。尽管变量的增加增添了更多可能性，但随之也会产生许多问题，系统各部分完全自主选择，独立决策，将导致系统无法达到经常性整体最优。

上述两个层级和六个向度在不同的系统或具体项目之间会有所差异，信息的密度和匀度会有很大的不同，要针对具体情况具体分析。“谋”的过程是在“愿”的引领下，通过调研分析和推理，建立起一套适合目标系统的逻辑体系，这里用到了“三力模型（3P）”。但任何逻辑推演都不会自动生成结果，每一步比选过程都是由人来进行选择的，“谋”的过程中，妥协、平衡是选择的关键技术，这里用到了“标尺模型”。人的认知都是灰色认知，摆在面前的路径有若干种，人们常常不能确定哪一条路径更可行，也不能每一条路径都进行一番尝试，选择了某一条路径，就放弃了另一条路径，放弃的这条路径的机会成本就为最大，因此决策在绝大多数情况下是黑白分明的。实践中应该注重选择的技术方法、机制建立和能力培养。一个人的思考过程是一个黑匣子，一群人的思考过程是另一群人的黑匣子，如何使这种思考过程更加开放、前瞻？既要避免少数人的思维代替多数人的意愿，也要避免事事由群体决策的低效做法。这个过程像极了下棋，每一步能多看出几步，决定了最终结果的差距，这里用到了“迷宫模型”。

量子计算是利用量子的叠加态特性，对所计算的对象同时输入并操作它的叠加状态，简单的理解就是甲路径和乙路径可以同时并行计算、比选。这个技术方法不只一个数量级地提高了计算机的处理能力，在可期的将来也许会对人们的决策产生质的影响，这是后话。

3. 划：方案的比选

没有“愿”的空间是无灵魂的，没有“谋”的空间是无逻辑的，是为空间堆砌。有了“愿”的目标引领，有了“谋”的逻辑支撑，空间安排就有了基础，而有了基础的空间安排，就是鲜活、适用和更加人性的。相同的“愿”和“谋”，空间安排方案会有无数多种排列组合。有的会灵动、别致，有的会呆板、无趣，有的会无微不至，有的会捉襟见肘。

“谋”是空间的需求（内容）和数量关系的研究确立；“划”是空间的创造方式和排列组合。

老子曰“有之以为利，无之以为用”，在利与用的辩证关系中，人造空间便由此产生。“三师”工作就是借利创用，利是手段，用是目的。

什么样的空间安排算是好的呢?

空间的创造是为人所用，因此人对空间使用的感受就是评判这个空间的标准。作者根据马斯洛心理需求五个层级理论，结合实践思悟，提炼出空间创造过程中的五用原则，这既是创造空间的思维原则，也是评判空间的价值标准。

这五用原则为：可用、宜用、好用、悦用、心用。

可用：满足人最基本需求，符合人体工学，是对目标对象基本功能的落实。

人们为自己所创造的空间可以使用，这似乎是一个不言而喻的道理，但现实中并非如此。追求诗意，忘记

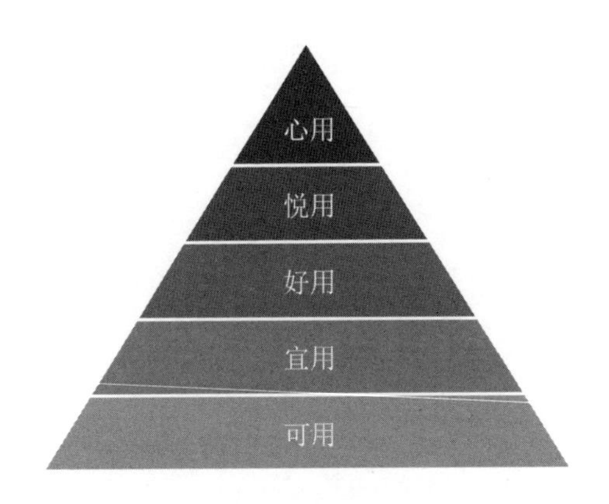

图 10　五用原则

初心有之；功能不配，文不对题有之；匠心欠缺，啼笑皆非有之；心无敬意，随意涂抹有之；尺度错误，磕头绊脚有之，等等，不一而足。不论理念多么先进，立面多么炫酷，装饰多么华丽，要始终牢记，空间的使用才是根本目的。可用，是“划”的出发点和归结点。

宜用：对安全的渴求，对生态的尊重，对文化的扬弃，对人对己的适宜、恰当、持续，是人类社会趋利避害的理性需求。

人们创造空间，不是仅仅为了苟且，人类文明发展到一定程度，理性诉求就成为社会行为标准特征之一，君子不居于危墙之下，成为千年古训。防洪需求让人们居于高处，防暴风雨的需求让人们围蔽要坚固，防止侵害的需求让人们背山面水，人际交往的需求让人们进退适度，文化习俗的发扬让人们遵循规制。适宜、恰当、持续，是人们解决温饱之后的理性需求。

好用：是高标准的规定动作，每一次的改进，每一个新范式的产生，都是可期待的创新，但还是属于积木的不同搭法。

上述可用和宜用在个体的认知中往往会被无感，而人们当下所关心的，却经常是一些细节的好用。好用是“划”思维当中更高一级的规定动作，它是一种对极致的追求，多一寸有点远，少一寸有些近，高一度有点热，低一度有点凉的极致，是人体工学的深入研究和精准对接，是对群体风俗、个体习惯的适应，是工匠精神的完美体现。

悦用：冲破桎梏，给身心一个小小的慰问，是对文化习俗的贴合，是人文的关怀，是诗和远方的呈现，即身的放松，心的安宁；是自选动作，要求更加个性化，是重要的创新点。如果说好用倾向于肉身的愉悦，悦用就更偏重心灵的满足。

心用：通过空间的打磨，氛围的营造，对心灵产生引导、影响、震撼和俘获。通过控制、入定，帮助人们实现对神性追求的需要。宗教、祭祀、纪念空间的创造属于此类。

4. 行：实施的安排

“三师”所面临的系统，根据对象分成两种：一是工程系统，在“愿”“谋”“划”之后，“行”的过程就是营造过程，系统完全建成后，投入使用；二是城市空间系统，是在不同阶段不断地进行“愿”“谋”“划”“行”的过程，只有进行时，没有完成时。这一特征决定了对这个系统的评价，不可能是静态的，不同阶段不同条件下不断改变，逐步实施完善。

第一种类型建造的过程，可以是利用新科技、新材料、新方法，也可以是利用传统材料和方法，这本无定式，全因条件变化，由“愿”“谋”“划”而定。这类型任务的内容是明确的，“行”的完成节点也是明确的，履行一定的程序后，投入使用。如建筑工程、市政道路、广场等。

第二种类型，为了应对系统在未完全实施完成就投入使用所产生的问题，需要对“行”的过程，有一套行之有效的安排措施。在城市规划行业，曾经有一类法定规划叫近期建设规划，是以五年为限，城市的区域开发和大型系统工程的建设也都是分期进行的，近些年出现的城市品质提升计划等类型也属于“行”的范畴。这类任务的运筹，要关注目标范围是否已完成“愿”“谋”“划”，如果没有或须进行调整，则需补全该部分内容，如果已有确定成果，则在投资计划之内选取能够保证系统相对完整的实施内容。

“行”的内容一般有：任务的选取与确定，时间的铺排，资金的筹措，资源的保障，任务的下达，过程的监督，验收与使用。

五、关系

“三师”实践之标

1. 四步法与“三师”工作的关系

作者观察了近些年各类学会年会论文类型，也研究了各类勘察设计、规划设计评优的项目类型，发现“三师”工作内容的丰富度已超乎想象，对相同问题从不同侧面进行解读的文章汗牛充栋，有策划、战略规划、概念规划、概念设计、××研究、总体设计、总体规划、详细设计、详细规划、场地设计、实施规划、提升设计……事实上很多项目，题目是设计，内容展现的却是规划；很多规划，所表现出来的却是很多具体的形象图片，人们很难通过项目标题来判定具体内容，也不知道这些项目在现实应用中是如何与需求对接的。出现这种现象，一方面说明现实对规划、设计需求的丰富和繁荣，是“三师”面临现实需求的创新努力；另一方面，各种类型规划与设计也存在过度解读，无效创新，趋于碎片和重叠化，难于聚焦和整体把握，淹没了初心，加重了内卷，削弱了对主要矛盾的应对。

作者经过认真辨析归纳认为，众多的标题描述都可以归纳成策划、规划、设计、计划四种类型。

“愿”“谋”“划”“行”四步运筹法是“划理论”的核心。它们与策划、规划、设计、计划又是什么关系呢?

四步运筹法在现实工作中常常与策划、规划、设计和计划相混淆，作者的第二稿研究，也曾错把策划、规划、设计和计划当成思维类型。经过深入思考，作者认识到，如果仍然如此表述，会造成四步运筹法思维内涵与具体项目内容的混乱，不能真实严谨表达“三师”工作的最底层逻辑。其实每类项目都涉及“愿”“谋”“划”“行”四步运筹法的工作内容，只是程度不同而已。这是“三师”各类项目共同的思维逻辑基础，是“三师”不同工作能够整合为一体的最大公约数。

“愿”“谋”“划”“行”，是四个不同的思维范式；策划、规划、设计和计划是四个不同的项目类型。

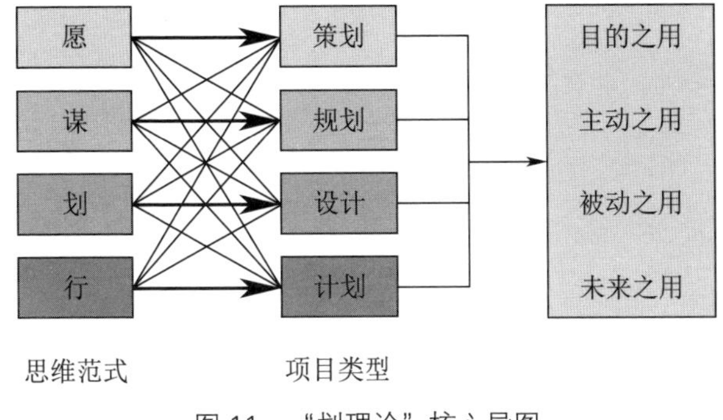

图 11 “划理论”核心导图

策划，是以“愿”为主要内容的项目。“三师”根据自然、社会和人文等各条件面向未来归纳提炼出一个预设，这是初始“愿”的提出；为了说服关联者、使用者和决策者达成共识，就需要讲故事，说明这个预设能够成立，要把这个想法的内在逻辑，用一个完整的链条表达出来，这是“谋”的论述；进一步在空间关系中描绘出来，说明落地的可能，这是“划”的呈现；有的策划还会涉及实施的安排，就是“行”的落实。这类项目中，四步运筹法每一步都有，但“愿”的比重更大，这类项目主要作用是为寻求统一思想进行的必要性论证。常见的有战略规划、概念规划、概念设计、旅游策划等。

规划，是系统目标的完整安排，实践性很强，需要协调的面很广，其“愿”的部分，是综合在地社会共同体的愿景、具有引领作用的理念、现实政策的指导等因素后确定的目标；项目的主要工作，是在这个目标指引下，推演出项目系统的内外逻辑关系，各种不同门类要素的比例和相互连接方式，是为“谋”的论述；在这个逻辑关系自洽的基础上，对空间组合进行宏观理性落实，是为“划”的呈现；具体到分期实施，是“行”的落实。不论系统的范围延伸多大，这类项目的主要目标是把系统内在逻辑和外在逻辑完整地推演和表达出来。我国每五年有一个关于国民经济和社会发展的安排，前九个五年安排称为计划，从内容和作用来看标题不够准确，从第十个五年安排开始，国民经济与社会发展安排就改称规划，这也是回归到五年安排的本来目标，就是以逻辑关系的表达为主，分期落实为辅。这类项目也都有四步运筹，但“谋”的比重更大。这类项目是为总体目标能够实现而进行的可行性论证。典型项目类型有城市总体规划，现在发展成国土空间规划、详细规划、综合交通规划、专项规划等。

设计，是以空间安排为主的一种项目类型。首先要寻求或策划一个愿景，在此基础上，对目标系统的内外关系进行分析、解读和推演，确立空间的内在逻辑，在研究确定的逻辑关系基础上进行空间形态的排列组合、表现表达。

典型的类型是建筑设计。计划经济时代，建筑设计往往有一个明确的设计任务书，把愿景、目标和逻辑关系需求表达出来，建筑师就在这样一个逻辑关系下，对空间进行组合落实。进入市场经济时代，很多情况，建筑师无法从甲方得到明确的设计任务书，因此在设计之前，必须了解清楚甲方的愿景目标，对愿景目标成立的逻辑关系进行深入的研究，提出建议并得到认可，在此基础上，再进行空间关系的排列组合，这样的空间安排就有了成立的逻辑基础。如果没有前面的工作，空间关系就没有了前提，就是一种堆砌，用没有逻辑链条的空间关系，寻求各方共识的达成，只能是事倍功半。现实中我们经常见到大型建筑在开展具体的方案前，经常做一个概念设计，目的就是寻求“愿”“谋”的共识。而扩大初步设计就是对确定方案的各个要素在整体层面进行的一次全面校核。

还有一种重要类型是城市设计，顾名思义，是设计城市的一项活动。它的工作边界在哪里？工作标的是什么？工作的内容与逻辑关系又是怎样的呢？类似的文章不计其数。实际上城市设计就是把城市的公共空间，在得到普遍认可的愿景和逻辑关系的基础上做出详细的安排。具体说，就是建筑之外，城市开发边界之内的所有空间的安排和落实。因为其公共性，所以涉及的主体很多，牵涉的评判因素也十分复杂，加之实施周期长，又是不同专业共同完成，因此，城市设计学科的建立或者共同认知的形成困难重重。无论事物多么复杂，总是要解题的，只是解题和表达的方式会有所不同。对于城市设计，公共性决定了其终极目标是以人为本。为达到这个目标，要认清城市运行的内在逻辑。首先是抽离人的具体感受的科学逻辑，用科学方法论证城市的系统边界，总体关系，各子系统的内容组成及其之间的连接。科学逻辑是城市良好运行，人居环境可用、宜用、好用的基础，是群体层面的以人为本；具体到微观尺度，个体人的感受变得鲜活起来，文化、习俗无时无刻不影响着家门前的空间品质，每个人都提出需求，参与改变，这个层面的城市设计更注重人文关怀和个体感受，以期达到城市公共空间质量的悦用、心用。根据“谋”的两个层级，作者尝试把城市设计分为宏观城市设计和微观城市设计，用以解析城市设计的科学要素和人文要素，不同要素用不同的逻辑和机制寻求共识，完成决策。用共同的思维模型，整合不同专业，在同一画面上，寻求和谐统一。这是一个庞大的系统工程，必须有初心和底层逻辑来统领方能达成。

在设计类项目中，四步运筹法都有，但“划”的比重更大，空间排列组合的可用、宜用、好用、悦用、心用是其主要内容。这类项目是为总体谋划落地而进行的方案优选，是现实性的论证。

计划，是项目分步实施的一种安排。它也有四步运筹的内容，只是常常被忽略了。在进行计划安排时，首先要用哑铃模型对工作对象的范围、内容进行研判，研究前面的工作、上位规划、已确定的设计等，也就是研判清楚工作范围上位的“愿”“谋”“划”三步内容。如果上位的三步已经完整清晰，那么“划”的内容就是在约定经费前提下进行建设内容选取，这个过程中的原则是分期实施内容的选取要保证功能和景观的阶段性相对完整，最后所列项目清单，是投资核算和任务分解的依据。如果上位的“愿”“谋”“划”都不清晰，甚至没有，那这个任务就不是计划了，要从头做起。这类项目中同样都有四步运筹，但“行”的比重更大。这类项目是实施总体谋划的具体措施安排。

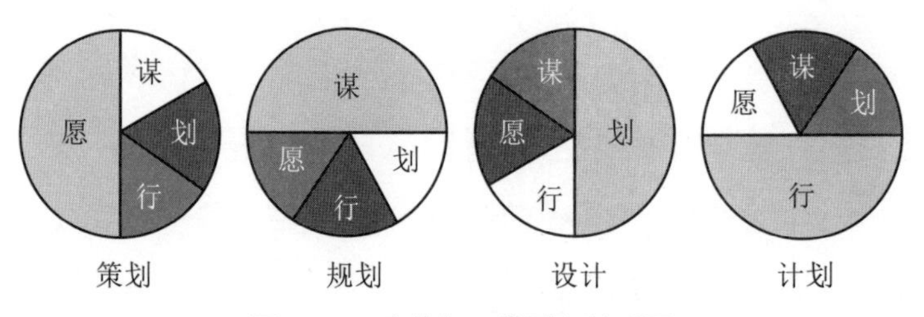

图 12　四步法与四类型之关系图

2. 韧性运筹的四步法

本书前述被动之用，是因防灾而生。但防灾并不仅限于被动之用，在目的之用和主动之用的谋划过程中，也无时无刻不在思考着防灾的需求。人居环境建设，不但谋划栖居空间的安全，也要关注整体人居环境的安全，这是个系统工程。对人居环境安全问题统筹时，常常用到一个词“韧性”，这个词表达了人们关注安全的愿景目标。所谓的韧性，就是大灾不垮、迅速恢复的能力，它和刚性是相对的一个词。有了这个“愿”，接下来就是对韧性系统工程的逻辑推演。应对好安全问题首先要清楚“谋”的基本原则和逻辑关系，要用哑铃模型研究系统边界、内容与连接，在建立框架的基础上，对具体问题提出解决对策。

不同学科对安全问题都有十分深入的研究和丰富的实践。这些研究是否相互配合形成体系？或者还有不曾认识到的风险存在？变化的过程是永恒的，人居环境韧性谋划中，系统全面地建立研究框架，可以解决各个部分独立研究而产生的生成性漏洞，因此韧性“谋”的第一步，就是要提炼出应对这类问题的总原则。作者总结出了六字法：识、避、抗、疏、祈、援。这六字法涵盖了韧性谋划中的主要工作，以此为框架逐一落实，就可以在有限条件下，最大可能避免各类灾害的伤害。

六字法的第一个字为“识”，是识别的意思。人类所面临的灾害，无时不在，无处不在，形式多样，变化多端，要对其进行防范，首先要把这些可能的灾害辨识出来，对其起因、来源、形式、方式、强度、时间等，逐一进行研究，正所谓知己知彼，百战不殆，只有对这些灾害的真实情况了如指掌，才有可能对其进行预判、预测、预警，才能制定防范措施。除了常见灾害，还要不断识别未来可能产生的新伤害种类。天气预报是对天气变化的一种预测，随着科技进步和方法创新，人们已经能够较好地预测到各类气象变化趋势，因此能够最大限度地减轻气象灾害对生产生活造成的影响。但类似地震这样的灾害，由于其生成的复杂性和技术手段的局限，还不能够很好地预测其发生时间和强度。随着数字时代的到来，新科技对生活产生了巨大影响，因智能化等新技术带来的潜在危害，也会对韧性谋划提出更新的要求。

六字法的第二个字为“避”，是躲避的意思。人类是宇宙当中的精灵，但无论有多高的智慧，在强大自然面前，终究是渺小的，从哲学角度讲，宇宙当中就没有无所不能的存在。东方智慧的天人合一的思想，就是要人们认清人类与大自然的关系，要对大自然产生敬重敬畏之心，而不要被人类自己的欲望冲昏了头脑，特别是人居环境的选址，首要的一条原则，就是避开可能产生灾害的环境和条件，这不仅是一个技术措施，更是智慧的体现。作者曾经参加汶川地震板房建设工作，到达灾区所看到的情形是，这一带山区的地质条件是土包裹着巨型的石块为主，这样的地质结构，应该是极不坚固，不稳定的。选择在坡度比较大的区域建设居住点，且不说地震这样巨大的灾害，即便是其他较小因素引起的滑坡，也可能产生不可承受之灾，但是这个区域平地极少，部分村庄由于选址的不恰当而产生的危险就可想而知了。作者在现场就见到了被地震引起的山体滑坡整体掩埋的村庄，让人看了十分痛心。

六字法的第三个字为“抗”，是对抗的意思。人类区别于动物的重要特征，就是具有能动性，在与自然和谐相处中，也有限度地对自然进行了改造，并取得了相当成就。在人类文明高度集聚的城市和重大工程上，常常可见这样的一些实例。比如建造巨型大坝拦洪蓄水，调节水位，抵抗洪水的侵害；利用现代的材料和工程技术，建造可抵御高强度地震的建筑、桥梁等。这些成绩的取得，使人类文明不断向更高层次发展，也使人类的自信不断增加甚至膨胀，但任何矛盾双方总会因条件的变化此消彼长，“抗”，只是一时的选择，往往不能一劳永逸。

六字法的第四个字为“疏”，是疏解、疏导的意思。如果说“抗”是人类智慧发展到一定阶段，文明结晶的一个重要体现，那么“疏”就是人类文明更高智慧的表达。顺势而为，因势利导，直达目标，不问西东。所谓的“疏”就是不直接对抗，而采取迂回的办法，借力打力，消灾害于无形。远古大禹治水的成就，都江堰水利工程至今仍发挥作用，都是最好的例证；超高层建筑设计具有一定的柔性，抵抗大风、地震的损害，在建筑顶部增加巨大的阻尼器，平衡柔性的极限；建筑上避雷针的巧思妙想，是化解雷电聚集电荷的爆炸损害，此种例证不胜枚举。

六字法的第五个字为“祈”，是祈祷的意思，是在概率框架下，综合平衡各方因素作出的最后选择。不论采取任何措施，也不可能百分百把灾害抵消掉，消除灾害的影响，只有交给概率，或者大自然来决定。例如，建筑的抗震烈度设防标准，是综合了该地区地质构造、过往地震发生的情况、经济发展水平、城市开发强度、设施重要程度，以及灾害发生的概率等综合因素人为做出的选择。尽管规定了某一区域抗震设防标准，但不代表这个区域绝对不发生比设防标准更强的地震。对某种灾害的防范，既不能忽视条件地不惜代价，也不能置危险于不顾，在兼顾多种因素之后的恰当选择，是理性思维的结果。同样，防洪标准是决定江河堤岸一系列工程措施的建设标准。20 年一遇标准，50 年一遇标准和 100 年一遇标准，投资差异巨大，根据风险概率和城市人口等因素，采取恰当的标准设防是明智的选择。“祈”，是确定人们所能采取必要措施的极限边界。

六字法的第六个字为“援”，是救援的意思。是以上措施都已用足，还不可避免地遭受灾害，就应采取保证底线的补救措施。建筑中的避难层、住区中的疏散空间、滨河的防汛通道，市政建设的生命线工程，以及江河的泄洪区等都是“三师”工作中所采取的应对措施。

需要说明的是，“三师”对灾害防范所能做的工作，主要是落实在实体空间当中，而灾害防范是一个系统性工程，除了实体空间的工程措施，社会治理、政府组织、法规保障、应急预案和常态演练等，都是抵御灾害的必要组合措施，系统安排应与实体空间的工程措施相互配合。

3. 一段话总结“划理论”

“划理论”构成：

人的认知能级（五识）和认知结构（道、术、技）为背景支撑；

空间（目的之用、主动之用、被动之用、未来之用）为芯的“三师”体系；

四个工具模型（哑铃、标尺、三力、迷宫）为辅助手段；

四步运筹法（愿、谋、划、行）为思维架构。

理论应用的步骤解析

a.“三师”在接触项目之初的第一项工作就是发出灵魂的拷问：做这个项目的核心想法是什么？！这是四步法“愿”的初步判断和提炼。

b. 随之进入调查与研究，根据“哑铃模型”，用内业外业交叉反复的方法，对项目系统的边界、内容及与之相关的系统的连接方式、频率、强度进行研判。

c. 这一阶段没有清晰的思路，用“迷宫模型”进一步深化调研。

d. 对调研的成果进行要素解析，用“三力模型”对初步愿力进行校核，用“标尺模型”进行价值选择、程度修正，形成项目明确的核心目标，即为修正后的“愿”。

e. 随之进入四步法“谋”的阶段，对项目进行系统架构的设计和逻辑关系的推演、论证。就是要讲一个美好完整的故事。

f. 接下来进入四步法“划”的阶段，在达成共识的逻辑框架下，进行空间方案的创作、设计、优选。灵性推演，理性呈现。

g. 最后进入四步法“行”的阶段，对实施提出建议和安排。

要注意根据项目类型的不同调整四步法的权重。

“划理论”不仅适用于“三师”，对其他运筹领域，如大文科系统的平面设计、服装设计、工业设计等都有一定的参考价值。在更广阔的领域，如软件设计一般要经过架构设计、逻辑设计、语言编程，最后上机跑一跑，同样有异曲同工之妙。

行文至此，作者进行了一番选择。一种是，在建立了“划理论”总体框架和基本概念基础上，把每一个部分深入解剖、辨析、深化下去。比如，在“谋”的一级目录基础上，二级目录拆分组合的研究；宏观城市设计和微观城市设计具体划分原则和内容的深化；“划”之五用原则的思辨路径和要素组合；主动之用的逻辑框架和发展趋势；被动之用与韧性人居环境理论架构的建立等。这些部分都有极大深入研究和拓展的空间，有些内容作者已做了较深入的思考，有些还在深化和系统化过程中。但是沿着这样一种路径进行下去，一是无限地延伸，时间不可控。另一个困难是，该理论框架涉及人居环境各个学科的内容，如果就每一个方面深化下去，作者力所不及。这些部分的深入研究将在后续的子系统项目中分期分批寻求合作者共同落实下去。

好的办法是分阶段地呈现成果。但是，底层逻辑框架与实际项目实践又有较大的距离，枯燥理论对于人们的理解和应用又有一定的困难，为了解决这一困难，作者决定用综合实例的方法，帮助读者加深对该理论体系的理解，实例千万，不可穷举，只列一二，余者自悟。

六、应用

部分问题之解

“划理论”的形成是以作者职业生涯碎片化的感悟为素材，以为华南理工大学建筑学硕士研究生讲授设计方法论为起点推进的。理论框架进行了四次重大修改，每次改动后，都在不同的高校、机构进行了学术交流，尽管反馈信息评价良好，作者内心明白，很多逻辑是开敞的，没有形成完整的闭环，经过五年多的不断思考、交流与改进，目前形成了第四版的理论体系。这套体系在三个综合院所进行了学术讲座与交流，讲座之前，我请求院所在员工中广泛征集关于方法论方面的困惑和问题，最终收集到了七十八个问题。这里有一个小小的遗憾，就是在第四版之前的诸次讲座中，也有不少提问，因为是现场提问解答，没有留下问题的汇总。第四版的讲座收集到的问题，是一个不小的收获，提前用书面的形式提问，问题的收集量比现场提问更多，更能看到“三师”在现实工作当中的困惑状态，同时这些问题的广泛代表性，也是对“划理论”的一个全面的检验，实践证明，“划理论”的现实性和有效性经受住了一定的考验。听课学员的专业涵盖了建筑学、城市规划、景观园林、市政和交通，基本上代表了“划理论”所涵盖的主要专业，但也许是因为专业的隔阂太深太久，也许是因为市政和交通等专业的定量内容所形成的刚性，使其对“三师”系统架构下的作用认识不够，还有可能他们看到授课者的主要专业背景是城市规划，所以形成了先入为主的概念，这两个专业方向所提问题较少。毕竟，现在以某些限定范围局部分析的讲座和分享太多太多，系统性的方法论讲座较少，人们陷入了选择困境。我在某个院讲课的时候，曾经有一位市政专业的负责人，课后和我说，本来只是想听听相关专业的一些新鲜知识，但他听到了我最后讲的实例中，市政专业是整个设计总包的项目负责人时，他说这对他是一个全新的认识。即便如此，在收集的问题当中，覆盖面还是十分广的，有国土空间规划，方案的优劣判别，城市设计，遗产保护，城市更新与存量规划，新农村建设，新技术与人工智能，城市韧性等方面。由于提前收集到了问题，作者做了充分的准备，因此课后对每一个问题都进行了简要解答，收到的反馈信息认为，都说到了问题的关键。由于问题当中有很多是重复的内容，有些问题十分具体，和系统思维关系不大，因此作者选取了几个具有代表性的方面，结合典型案例，给出部分问题的回答。

1. 关于建筑设计

第一个实例是作者上大学期间听北京建筑设计院一位资深老总的讲座，他讲的是北京昆仑饭店的设计过程。

20 世纪 80 年代初，我国改革开放开始呈现蓬勃势头，根据经济发展的需要，北京市准备建一座和国际接轨的五星级酒店，除了这个愿景，再没有其他可查询的依据和经验。北京市建筑设计院接受了这个任务，开始进行国内外资料查询和现场调研，对五星级酒店目标内容进行了深入的研究，从客房标准到附属设施配置内容，以及各类设施与客房总量关系，各类设施流线关系等。经过艰苦工作，他们拟定了符合国际标准的五星级酒店设计的完整任务书。这个进行深入调研和自拟任务书的过程，就是从计划经济向市场经济转变过程当中，建筑设计师从知其然不知其所以然地只进行方案设计，到对建筑内在逻辑的全面研究，直至自拟任务书。有了这个任务书做基础，便可开始方案设计，令我印象深刻的是，常规做建筑设计，首先按任务书进行平面推敲，而五星级酒店各个附属设施的空间需求有很大差异，特别是层高并不统一，因此设计师在任务书基础上，把各个组成部分所要求的体块，在头脑中先设想出来，然后根据流线的要求，像搭积木一样，对这些体块进行排列组合，立体设计一次成型，大约在 1986 年建成了我国第一个自主研究自主设计的五星级酒店。这个讲座给我极深的印象，几十年以后也没有忘记，但是因为当时并没有把他讲述的这几个过程，进行方法论的提炼和归纳，因此我只是明白了昆仑饭店设计过程当中的方法，却无法很好地举一反三，特别是对“三师”其他专业工作，更不可能产生任何联想。当我把“划理论”总结完成后，回头再想这个例子，清晰呈现出了四步运筹法的内容。首先，建一个国内当时没有的五星级酒店，这就是四步运筹法的“愿”；其次，经过深入调查，细致研究，了解并推演出五星级酒店各部分内容比例构成及相互之间的逻辑关系，自拟设计任务书，这就是四步法运筹法的“谋”；再次，在“谋”的基础上，把各个空间组成部分分解成体块，用搭积木的方式进行空间排列组合，从而形成完整的建筑设计方案，这就是四步运筹法的“划”；当然这个饭店投资是到位的，因此并没有进行分期实施，而是一次建成，因此建造的过程就是四步运筹法的“行”。

第二个例子是人们耳熟能详的悉尼歌剧院和广州大剧院。这两个建筑分别是两个国际知名城市最重要的公共建筑之一，都在滨水地带，都进行了国际设计竞赛。悉尼歌剧院的竞赛方案选取比较具有戏剧性。据资料所载，第一轮筛选的时候，设计师伍德的方案被排除了，在进行第二次检视的时候，又被选了回来，最终竟成为中标方案。广州大剧院的竞赛最终采用了国际著名设计师扎哈·哈迪德的方案。这两个地段相似、性质相同的建筑，两个建筑师都选取了与水相关的要素，作为建筑的愿景目标。悉尼歌剧院在一个海湾内的突出部位，设计师构想了白色帆船航海归来，停泊在港湾的一种意象作为设计灵感，很潇洒地勾勒出一个飘逸的弧线，象征船帆，这在古典式建筑和现代派方盒子为主的环境中，显得既灵动飘逸，又格格不入。有了愿景的目标，就要进行“谋”的推演，而剧院建筑是一种十分成熟的建筑类型，舞台的空间形状尺寸，观众席视线声光设计，附属设施组成，观众与演员的流线，万变不离其宗地形成了定式，因此，进入“划”的阶段，空间排列组合尽管千变万化也具有一定规律，而悉尼歌剧院飘逸的外壳和这种剧院特有空间组合，其“愿”与“谋”的逻辑衔接，就不可能做到柔和过渡、完美闭合，最终结果是剧院建筑功能被强行塞进了那个飘逸的外壳里面。无独有偶，位于北京天安门广场西侧的国家大剧院，与悉尼歌剧院有异曲同工之处。而广州大剧院，同样的滨水地段，设计师选用了和水相关的鹅卵石（海珠石）作为愿景来引领其设计。前面说到剧院建筑形式成熟并相对固定，而水是无形的，鹅卵石也就无固定形状，广州大剧院在建筑空间外部用柔和的曲面包裹住剧院形式的建筑，既达到了愿景的完美呈现，也达成了愿景和建筑功能的逻辑延续，体现建筑愿景的外观形象和剧院建筑逻辑内涵的贴合，考验了设计师的功力与水平。这两栋建筑，尽管悉尼歌剧院位置突出并具有强烈的仪式感而被人们喜欢并记住，而广州大剧院的鹅卵石形象朴实无华，籍籍无名，不容易对公众的视觉产生震撼和强烈的心理影响，但是从建筑设计的整体水平而言，广州大剧院的成就优于悉尼歌剧院。

2. 关于城市设计

城市设计既不是学科也没有专业，但是它却是一个很古老的话题，甚至于它的思想要早于城市规划。这个名词几十年前从国外现代城市规划研究衍生出来，逐渐传入到中国，在我国也是近二三十年才开始真正热起来，特别是相关部门提倡要把城市设计法定化之后，人们对这一领域的研究开始越来越多。作者大学是建筑学和城市规划专业，但是对城市设计的概念也是一直很模糊。为什么会产生这样的情况呢？作者认为，一是它隐含在城市规划、园林景观、建筑设计学科当中；二是城市设计的边界不清，内容不明，主体多元，责权模糊，周期过长等。这些因素叠加起来，形成了今天的局面。好在近些年人们开始逐步认识并加强其科学研究并取得了丰硕的成果，但是，对这个领域的研究、解读的角度太多，还没有形成统一认识。在“划理论”形成过程中，城市设计也是作者十分关注的一个方面，可以说“划理论”是作者开始试图提炼总结城市设计思维而引起的。

根据“划理论”，城市设计是解决城市开发边界以内，建筑边界之外的空间运筹的问题。根据这个界定，建筑的外墙就是城市设计目标空间的内墙。至于城镇开发边界以外，所谓的大地景观、山水格局，那只是对自然的一种描述，在这些范围内进行低扰动的人类活动，与城市开发边界内所谓的城市设计是完全不同的逻辑，它们不应该纳入城市设计体系当中，如果开展此类工作，也是在国土空间规划其他子系统中开展的类似谋划，其思维逻辑需要根据系统禀赋重新建立。城市设计目标空间中有公共空间和私域公共空间。由此可见，城市设计师和建筑师的工作边界出现了碰撞和交接，在私域空间，也就是所谓的红线以里，业主和建筑师的权力到底有多大？反过来，城市设计师多大程度可以进入私域空间指点江山？明晰了工作边界，所谓的城市设计要素才有了提出的基础，而现在大多数城市设计，以所谓的天际轮廓线和视廊之名，对建筑的形体组合、高矮胖瘦都作出了规定，这显然超出了应有的工作内容。建筑师和城市设计师工作边界，在学科建设和专业教育当中，应当有一个较好的划定和妥协。按照“划理论”，以科学运行为目标的宏观城市设计，要以整体运行为主要权重，即私域让公域；而以人文内容和心理感知为主要目标的微观城市设计，要以在地文化性和个体多样性为主要权重，即公域让私域。对公共空间的设计也不应仅仅以景观为主要内容，也要遵循“划理论”四步运筹法“划”中的五用原则进行运筹，毕竟任何人造空间，都是以肉身使用为首要目的，精神享受为更高需求。

3. 关于遗产保护

自 1982 年公布第一批历史文化名城以来，我国的遗产保护工作伴随着改革开放，经历了艰难而卓有成效的发展过程，应该说没有改革开放之初的历史文化名城保护的启动，随着改革开放 40 年的巨量城市建设，历史文化资源会遭受重大损失。在回顾总结遗产保护工作 40 余年来的工作会议上，国家再次强调了保护工作的重要性，同时根据发展中遇到的新问题，开始注重并强调活化利用的重要性，因为保护不是为了保而保，恰当的使用才是可持续保护路径。

尽管历史文化遗产保护工作成效卓著，但还有大量的工作需要进一步厘清。根据“划理论”，我们开展遗产保护工作，首先要提出的灵魂拷问就是为什么要保，保的是什么。这并不是说我国 40 余年来的保护工作没有明确的目标，而是在城市存量发展为主的形势下，发展与保护的矛盾将会更加突出，为了更加深化细化保护工作，恰当回应这个问题，是真正弄懂应保尽保的“应”字如何把握的关键。历史是一条河，河流不断流淌，它的信息是连贯而全息的。保护对象在一定条件下是相对固化的，它承载的历史信息是河流的一个或若干个截面，而历史遗产保护，受制于空间的稀缺性和经济的可行性，不可能把所有历史信息都完整保留下来，因此应保尽保的选择工作就深含了保护工作的价值取舍。生物体的新陈代谢是靠着基因的传承来延续生物信息的，经历时间更迭，构成生命体的细胞全部更新，而我们不可能认为这个生命体换成了另一个。而非生命系统的更新或者叫新陈代谢看似简单却又复杂，人们就曾经提出了一个关于船板更换的思想实验。保护与发展的平衡才是可持续的，完成价值判断，即“愿”的提出达成最大范围的共识，后续的“谋”“划”“行”就相对容易达成目标。

4. 关于国土空间规划

国土空间规划是从 2021 年中共中央、国务院颁布《中共中央 国务院关于建立国土空间规划体系并监督实施的若干意见》开始的，被人们认为是解决有关国土空间相关规划之间的矛盾，多规深化合一的改革之举，至今各个层面的国土空间规划也陆续得到批准。

根据“划理论”，任何类型对未来的运筹，首先解决的是灵魂的拷问：为什么做？就是“愿”的提出。国土空间规划表面上看是解决各类规划之间的矛盾，实则根本目的是在我国改革开放狂飙突进四十余年后，对发展问题从制度上进行一次根本性反思和改革。根据哑铃模型：系统是关联的、套嵌的，一是任何系统的变化，毫无疑问会对相关系统产生影响；二是一个完整系统总是包含在更大的系统中。国土空间规划始于多规合一的探索，但多规合一是物理反应，而国土空间规划是化学反应，是把国土空间作为整体进行的系统逻辑重构，其目标是更大范围的整体最优，指向是全面、均衡、协调、持续，这个过程任重道远。

第二就是对系统的边界和内容进行研判和划（界）定，进而进行逻辑的推演。基于对资源、资产和人地关系的认识，国土空间可以分成作为本底的生态空间，既作为本底也是生活必需品生产地的农业空间，人类文明高度集聚的城镇空间，以及海洋空间。与工程系统不同，国土空间子系统的边界是不清晰的，但为了系统分析的科学性和治理的需要，有必要对边界进行研判和划分，这也是“三区三线”的由来。由于多方认知的差异，开始的“三线”划分并不顺利，国家层面也试图用科学方法推导出结果，用开展双评价的方法解决这一问题，但经过复杂的论证，大多数情况下农用地和城镇用地的适用范围几乎重合，最后用行政和技术相结合的办法解决了这一难题。这个过程给我们的启发是，非工程系统的论证，单靠科学逻辑推演不容易直接得出最后结论，逻辑是有应用边界的，技术过程，最终要经过政治、经济、法规、行政的约束和修正，这一点在“谋”的六面体思维框架中可清晰看到。

划分出了边界，接下来就是对各个子系统的内容和关系进行研究并建立逻辑框架。尽管子系统间禀赋差异巨大，但其连接和互动影响关系却是十分紧密。由于资本的逐利效用，技术发展和集聚作用对效率的影响，城市资产价值的高度富集等，经济社会发展伴随的一个重要现象就是城市化。农村人口向城市转移，城市空间向农村扩张，城市空间扩张过程，使资源转为资产，成为经济发展重要的驱动力。任何系统的演进都是以整体最优为目标的，偏离了整体最优，将会走向不平衡，系统将被重塑。城市化的进程，不会一直增长没有上限，这个道理很简单：当海洋中磷虾全部消失时，不可能指望鲸鱼能够生存得很好。因此在一定的科技水平和社会发展约束下，城市化率一般会稳定在一个相对值上，并在一定的区间进行调整。在我国，用了四十余年时间走完了西方发达国家上百年才完成的城市化进程，由于速度过快，相当一部分子系统的适配关系没有得到很好调整。城市扩张与生态保育，经济发展与环境保护，改革成效与人民获得感，三农问题与粮食安全等均出现一定的失衡现象，城市外延式扩张已不可持续，不提高重视并加大改革力度，将会对整个经济社会产生负面的作用。

在农村，改革开放之初实行了一套非常有效的促进农业生产的联产承包责任制。由于土地承包到户，相比于人民公社阶段，农田精耕细作，生产效率有了大幅提高，这为我国的粮食不断增产提供了坚实的保障。在城市化率不断提高的情况下，我国的农村人口数量发生了巨大变化，农村在地生活的人口结构也发生了重大的变化，留在农村的人口非劳动力占比加大，这与承包土地的耕作需求存在不匹配的状况。

农村这个人地关系的变化，是与我国这些年持续关注和狠抓新农村建设这个策略密切相关的。农村人口与农地比例关系，使得粮食生产需要寻找效率更高的生产方式，在这个条件下，农村联产承包制度的改革和农民利益的保障，就需要重新进行审视。规模化经营是在新时代落实粮食生产、提高农业生产效率的必然选择，引入科技与资本的运作是路径之一。但是土地如何流转、整理、集约，并在这个条件下保证农民的利益，是一个十分艰难而宏大的课题，这个底层问题没有很好地解决，三农问题就不可能很好解决，我国经济社会发展，甚至国家粮食安全就会出现问题。

生态空间承担着不可见，但是十分重要的作用，在经济高速发展大背景下，对这个系统的关注度还很不够。如何在少扰动、多保育、定底线、提效用方面有所作为，国家正在进行新的尝试，大规模地建设国家公园，即是措施之一。

在城市，四十余年来改革开放，我国的城市建设和面貌发生了巨大的变化，人民生活得到了极大的改善。但城市各部类比例的不协调，发展的不均衡成为可持续发展的阻碍。如何在不断促进经济发展，减少资源侵占，增加人民获得感基础上，对城镇发展模式进行变革，就是存量发展条件下艰难而重要的选择。在人口规模呈现下滑趋势的今天，“三师”队伍对收缩城市的谋划，更是一个还没有深入研究的方向。

在宏观逻辑关系不断探索研究同时，政策传导和落实也在加强，正在开展的详细规划创新研究即是重要探索。过去所说的详细规划是指城镇开发边界内，以开发为目标的控制性详细规划和修建性详细规划。在国土空间规划背景下，城镇存量空间、农业空间、生态空间、海洋空间总体层面规划的实施落地，也是这一大系统重构当中的重要课题。

这一轮的国土空间规划，尽管已经陆续得到批复，但是不断改革探索和在一定条件下对这个体系进行重新调整是下一步持续的工作。

5. 关于交通规划

根据“划理论”，主动之用具有源流性、系统性、级配性和不可替代性。“源”的特征又分为一对多和多对多。给水排水、暖通、电力是一对多，其源流一体，系统为树状；交通和电信是多对多，其源流分置，系统是网状。

交通是利用线性空间和交通载具解决目的之用系统

间各种“流”的输送需求，是哑铃模型的手柄部分。其“源”的分布是星状的，起止关系是互置的，这给交通运筹增添了极大难度。

交通的理想状态是其承载力与“流”的需求高度适配，这是交通的终极大“愿”。由于实施的时延，交通与需求间的适配往往不尽人意，TOD 是试图解决交通落后于开发的理论，在城市化快速发展，城市增量空间需求旺盛的阶段，这个理论具有积极的意义。不论是交通适应建设还是交通引导开发，这个动态平衡的运筹过程，首先应解决的是价值选择和架构设计，接下来才是适配关系的推演。

中国“铁公机”的发展举世瞩目，成绩斐然，它是基于国土空间整体环境的交通谋划，其实施和完善降低了全社会的生产、生活成本，增加了“流”的需求和供给，促进了国家经济发展，增强了整体人居环境的品质，既解决了建成国土环境的功能提升，也兼顾了国土开发不均衡的问题，这个决策由交通系统本身的经济平衡来评价是不能作出决定的。但是我们也要认识到，适度超前是最佳适配，过度超前将造成资源浪费和经济负担。

回到城市，在高速城市化催化下，在国家层面的高速公路、高速铁路和机场的支撑下，城市的交通体系得到了极大改善，城市轨道交通和陆路交通相互配合，构建了一个支撑城市有机体运行的大网。随着城市化增速减缓，交通发展也面临重新审视：一是交通网络在解决有无问题的同时，也应把关注度适时转移到网络的体系完整性、级配合理性上来。当注意力转到城市存量，人们发现交通的外延和增量得到改善的同时，存量交通还存在着系统缺陷，断头路大量存在，级配关系不合理，交通基础设施陈旧老化等。二是系统架构的重新审视，在投资需求促进、TOD 理念加持下，城市交通骨架拉得很舒展，在城市发展由外延转向存量的情况下，这种舒展就显现出其问题，如某大城市轨道交通的日常旅客占总人口的比重只有十分之一左右，新区没拉动，原需求没满足，这主要是轨道布局与需求分布错配而产生的。三是低空开放对城市交通的影响。低空交通治理规则的研究制定，低空与地面衔接关系的规划设计等。四是万物互联背景下的智能交通理论研究与实践探索。交通解决的是节点之间“流”的需求，而“流”的产生特点是节点间目的性强，而系统整体混沌，用有限的交通空间解决混沌无限的需求，总会捉襟见肘。畅想一下，“流”的需求与输运体系的信息完全对称，或许可以改善目前用图论简化的分析方法解决动态交通问题的状况。五是在存量背景下，交通谋划中局部调整的系统边界研判，定性分析与定量分析的结合互验，参数选取的价值判断，都有进一步改进提升空间。

面临的新问题，或许不止上述这些。对这些问题“谋”的进展，会影响未来人居环境的运行、治理、体验的整体品质。

6. 关于人居环境韧性

韧性的运筹不仅仅是被动之用的工作内容，“三师”所有学科都涉及此类问题，“划理论”中提到，韧性的

“愿”是：大灾不垮，迅速恢复。其“谋”的逻辑框架是：识，避，抗，疏，祈，援。需要说明的是，韧性建设是系统工程，是专业横向逻辑和措施纵向逻辑的整合统一，要把人居环境作为统一系统来谋划，非此不能达成！这项工作任重道远。

下面的例子是根据作者亲历项目提炼而成。这是位于滨海滩涂地带的产业园设计总包，是一个包含了策划、规划、设计、计划完整过程的项目，正适合说明四步运筹法和策划、规划、设计、计划四类项目类型的穿插适配状况，其最主要的雨洪统筹工作，是韧性运筹的典型例证。项目范围约两平方千米，位于滩涂的潮间带上，也就是说退潮的时候，项目地段全部露出水面，高潮位的时候项目地段将被海水淹没。按目前的政策，在这个地区建设产业园是不合适的，这是后话。

接手项目之初，首先了解甲方的初步想法，进而进行广泛背景研究，提出了一个基于市场需求、政策导向、甲方利益和技术先进等平衡基础上的预设，这个“愿”的建立，是整个产业园后续工作能否顺利推进的大前提。经过与甲方多轮的沟通，形成了以先进技术加持下出口产品为导向的绿色轻工产业园。有了这个达成共识的前期策划，各相关专业工作，就有了统一的推进方向。首先是建筑设计专业，要充分研究科技发展方向以及轻工产业生产方式对空间的需求，拟定出具有一定弹性的几类标准厂房参考规格；市政专业以此为导向，拟定出产业园的水、电、气等生产要素的供给标准和技术框架；交通专业，根据产业园的运营需求，提出道路布局基本原则，包括产业园集中式、分布式仓库布局与货场空间需求与关系。在各个专业进行了初步研究之后，规划专业开始编制修建性详细规划，根据不同规格厂房的需求比例和功能分区对园区进行统筹安排，把建筑、市政、交通、景观等专业的诉求整合在一张规划蓝图中。在编制修建性详细规划过程当中，一个突出核心问题不可避免地提到了桌面上来，就是产业园地处潮间带上，防洪排涝安全要求是产业园能否正常运营的基本底线。这个问题分为两方面，一个是防洪，就是防止外水的侵害。大海的潮起潮落具有一定的规律，经过计算可以给出外堤坝的高度，需要校核的是遇到台风的情况下，对海浪越堤的防范，一个措施是把大坝再加高一定高度，另一个措施是把大坝加宽。二是排涝，对于暴雨形成的汇水如何排除，防止内涝。人们固有印象是把基地地坪抬高，这个所谓的高是相对于原有地坪而言，那么问题就来了：抬高了以后，总要与其相邻的区域进行高度的比对，高于它，水就往相邻地区排，相反亦然。这种做法除了涉及巨大的土方量和工程投入以外，以邻为壑的负外部性，要受到区域规划的行政制约。这个产业园区域，一马平川，坡度很小，由市政道路分割成了若干个较小汇水区，因此本产业园地坪抬高，并不能起到排涝的目的，因为水无处可排，这个路径被否掉。之后又提出了挖湖的设想，这个设想一提出就遭到了甲方的反对，因为产业园土地获取十分不易，他们很珍惜，每一寸土地都是园区招商引资的空间载体。但当我们陈述了挖湖的内在逻辑之后，甲方认可了。接下来就是选择挖一个多大的湖，这涉及挖湖的一个根本目的：所挖之湖，目的是收集储存产业园区汇水范围之内的雨水。

这里有两条逻辑线。一是汇水面积有多大？这是这个流域系统边界的判定，因为汇水量是和雨水强度、汇水面积相关联的，当流域面积过大，人工无法把控的时候，常常采取的办法是通过工程设施把它分割成若干个小流域，该产业园区域，是通过市政道路把不同产业园划分成了各自独立的小流域。因此，这个产业园汇水面积就是相对固定的，用最大暴雨强度系数进行推算汇水量，就得到一个雨水量极限值，这个数值就是挖湖所要求的库容量。第二条逻辑线，因为这是滩涂地带，位于潮间带上，之所以挖湖，是因为海平面处于高潮位的时候，园区内的水无法通过自流排到大海，而通过水泵抽取，在降水十分集中时段是不可取的，同时也大大增加了日常运维成本和难度，因此在处于高潮位，又恰逢暴风雨的时候，内水无法排出，就要把内部汇水储存到湖里，到了低潮位时，通过自流形式排入到大海。这就是园区防洪排涝的内在逻辑。从图 13 中可以看到，处于低潮位之上的湖水称之为 A，处于低潮位以下的湖水称之为 B，A 部分可以通过自流排放，B 部分必须通过水泵抽取排放。如果湖的设计完全在 A 的部分，固定库容条件下就要求湖的面积增大，就会更多侵占产业园有限的可用陆地面积。而把湖挖深，增大 B 的比例，在台风到来之前，根据库容需求，就要把 B 部分的水通过水泵排除，就会增加运维成本。因此设定合适的 A、B 两部分的比例，就成了“三师”和甲方最犹豫的选择，做出了这一选择，湖的面积就确定了下来。至于湖面的形状是什么样，已经不重要了，只要保证库容，湖面的形状可以根据产业园布局作出相应安排，同时对湖边景观作出设计。

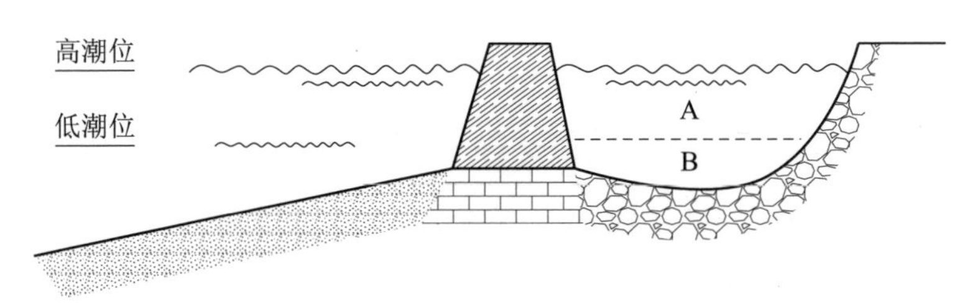

图 13　防洪排涝示意图

这个产业园刚刚建成，就经历了 1958 年以来的最大台风考验，由于逻辑严密，测算精准，产业园经受住了超强台风的考验，安全无恙。而相邻的另一个产业园，采取的是地段整体抬高 30 厘米的技术路线，在内涝外洪的共同侵害下，园区内雨水无处可排，造成了重大损失。通过这个项目，作者总结出了一个防洪排涝的感悟：研明边界，因势利导；没有最高，只有更高，没有最低，只有更低。

7. 关于“三师”成果的评判

讲课交流收集的问题当中有不少是关于“三师”方案选择的问题，多方案反复比较的无奈无力，对领导否决方案的不理解甚至是愤怒，多方面诉求要求不统一的束手无策等，这些问题最根本还是方案评判标准问题、妥协和技巧问题。

根据“划理论”，任何系统都不可能独立存在，都与周边发生着这样那样的联系。系统内部以整体最优为目标，这一点似乎有较为广泛的共识，这是因为系统内价值观较容易达成一致。问题往往出现在系统外博弈的平衡上，根据“划理论”四步运筹法的“谋”的六面体模型，本体最优只是整体逻辑推演的一个方面，一个系统的变化，不可能不对关联系统产生影响，大家好才是真的好！根据标尺模型，寻求到均衡点是方案本体成立的基础，除非非正常力介入。日常工作中建筑方案只说本体，不谈环境有之；房地产开发只求利益最大，不顾城市公共利益有之；近期建设阻断宏观通廊有之；市政设施建设切割城市用地有之。一名称职的“三师”，首先要立住本心，确立为整体谋利益，为未来绘蓝图的价值取向，是为道；其次是不断提升自己的认知维度，提高运筹水平，提升解决实际问题的能力，是为术；再次是利用法律、行政、技术各种知识和手段，多方案备选，随机应变，为较优方案达成一致做出努力，是为技。

建筑设计、城市设计等形象要求较突出的项目类型，“三师”在形象外观上常常花费较多的时间精力，一旦方案没有得到认可，会有较大挫折感。这类情况往往不是因为形象不够优美，而是“划”所创造的形象，没有和“愿”“谋”形成逻辑统一，或者方案根本就没有进行“愿”“谋”的运筹，这个情况下的外观就是个图片，对于达成共识的说服力就无从谈起。

附件：

“划理论”4.0 版历次讲课学员问题汇总

1. 如何协调谋划与实施，两者之间还有什么环节比较重要？

2. 虽然说设计就是想象一个办法使之为我所用，但设计经常得不到尊重，被改得比较多，最后落实的都是权威者的想法，如何能保护优秀的设计？

3. 如何提升城市规划的个性？

4. 如何让城市告别千城一面、成为有情怀的城市？

5. 我们正身处一个巨变的时代，而城市正逐渐失去个性，千城一面的现象越来越多——我们在规划设计工作中，如何注重岭南特色城市营造、做好城市特有的文化与传承？

6. 如何平衡个体利益与群体效益的博弈？

7. 用“高维智慧打通底层逻辑”，您提的“道、术、技”在每一个成果中呈现出成效，我非常认同，在我们规划技术人员日常工作中，经常遇到业主单位过于追求自身企业发展利益而远大于城市公共利益的，甚至希望牺牲局部公共利益，以满足自身更大的开发需求，我们应该怎么去平衡双方诉求，您能和我们分享一下吗？

8. 请谈谈关于城市划师的思维中“设计是对预设的空间安排”的思考。

9. 在实际规划设计工作中，我们当代的城市是以小汽车为导向规划的，以人为本的人居环境被飞速发展的城市化进程所忽略，如何解决城市交通拥堵，以什么方式来倡导选择公共交通或者低碳绿色出行，您能和我们谈谈您的体会吗？

10. ChatGPT 出现后，未来会不会出现 PlanGPT。请结合多年实践，谈一下对未来行业发展的看法，规划师是否会被 PlanGPT 代替？

11. 请您结合多年实践谈一下如何实现“精明增

长、精致城区、岭南特色、田园风格、中国气派”？

12. 请您结合多年实践谈一下社区规划师在打通项目落地“最后一公里”上的作用。

13. 与各职能部门、专项规划协调的问题。每个专项如教育、医疗、养老等都有用地、建设方面的标准和要求，但是土地资源紧缺，国家一直倡导用地节约集约，两者之间在某种程度上并不吻合，是否有更科学合理的协调解决方式？

14. 在目前抓经济发展的阶段背景下，以协商式规划的方式促进规划与市场紧密结合的同时，如何能更好兼顾公共利益？

15. 城市空间特色是什么？对城市个性塑造，在规划各阶段中应如何安排与落实？

16. 美好的城市设计蓝图与规划实施之间总是存在难以调和的矛盾，既想要高质量的城市空间，又想要能落地能见效的实施方案，何以平衡？以城市设计为主还是以用地整理为主？

17. 以策划和规划的关系为例，您如何看待片区策划－更新单元规划的关系，通过经济测算得出的策划方案能否代表"诗和远方"？

18. 您如何看城市更新中的"产居比"指标？底层逻辑是发展导向还是职住平衡，抑或是整体最优？

19. 如何在做城市规划项目过程中进行学术性思考，从而把实践成果进行转换和提炼，形成有价值的科研命题和成果？作为一名城市规划师，应该树立怎样的价值观、价值取向？

20. 新农村建设是这两年的热门话题，规划师能做什么，应该做什么？

21. 如何在设计阶段，更好地落实规划意图，实现规划的构想？

22. 如何在工程设计中，做到既保证功能需求，又体现景观效果？

23. 在做规划项目时，涉及一些敏感点问题，报审时，主管部门因为舆情和维稳否决了项目，这种情况应该如何去化解？

24. 妥协与决策确实是规划一直面临的问题，如果遇到难以决策的情况，您第一秉承的原则，或者说第一个想到的念头是什么？

25. 做某区详细规划试点，您给了非常宝贵的意见，我们也在一直探索，规划管控、政策支持等突破点，如何把控历史城区的空间管理的核心要素，精准管控，实现在保护基础上的可持续发展？

26. 最近接触几个县级市的城市设计，城市发展比较无序蔓延，还是追求大尺度、大空间的效果，也受制于经济发展需求，我们应该如何结合他们需求，并引导他们把生态绿色、健康韧性等规划理念体现在规划中？

27. 城市划师这个概念是怎么来的？它能反映城市规划师的工作本质吗？

28. 与增量时代不同，我们现在面对的是存量时代，作为城市划师，我们无法像过往一样在白纸上作图，请问我们应该如何在一张已有图纸上再添画作？

29. 城市规划涉及专业广、利益主体多元。对规划师而言，如何建立正确的逻辑思维体系，以实现规划的整体科学性与协调性？

30. 城市规划的落地实施往往需要较长时间，且未来城市发展面临极大的不确定性，我们应以怎样的标准去判断现阶段城市规划成果的科学性？

31. 您的讲课让我们受益良多，我理解“道术技”是我们掌握知识的三个层次，道是原则，是战略性，术是方法，是操作性的，技是更具体的使用技巧。回到我们实际的工作中，如何把“道术技”更具体转化到城市规划的工作方案中？

32. 您有多年的政府部门和教育经验，在规划引领城市发展、刚性管控内容如何纵向传导方面有没有相关经验可以分享？具体为：如何做更有效的城市设计和景观设计，能更有效引导到城市规划管控，作为可操作的管理规定？

33. 遗产保护与城市建设如何实现融合发展？当前城市建设中，在认识层面遗产保护在大部分老百姓、城市建设者还处于被忽视的状态，遗产保护工作任重而道远。想请教您，在我们日常的工作中，我们应该在哪些方面给予重点关注与提升，如何促进遗产保护与城市建设和谐发展？

34. 在规划工作中，经常能接触到通过改善步行体验和回家功能，提升公交＋慢行的出行体验，以提高公交吸引力的规划概念。该概念也在中国多地进行了实践。但公交巴士的使用却在每年下降，机动车出行需求仍在提升。这种理念视乎成了伪命题。您认为该理念在未来该如何优化，才能达到规划目的？

35. 对于规划本身已处于较高技术阶段，出现投入与产出不对等的情况，如果只是利用已有的经验，AI可能快速代替，是否多行业、多资源的融合会是规划更好的发展方向？

36. 国内城市普遍存在交通干道割裂城市布局的现象，从城市景观设计的角度，如何缩短因道路交通割裂产生的心理距离感？

37. 有地域特色的城市设计面向落地的重难点是什么？

38. 高质量发展背景下，对城市规划景观环境设计及提升有什么新的要求？

39. 城市更新存量提升过程中，往往容积率比较高，如何通过城市设计手段，确保落实高质量的景观环境设计？立体绿化等多元景观环境塑造手段，为什么在实际建设中很少践行？

40. 轨道站点作为地区门户，是否有必要性和可能性，从市级层面出台关于站点出入口及周边城市风貌和景观的特殊要求指引？

41. 对于地区总师制度实践成效的看法，您感兴趣的问题是哪些？

42. 国土空间规划改革背景下，设计研究机构在变更赛道上需要突破哪些阻力，如何"扬弃"已有业务形成新的动力？

43. 国土空间规划的本质是什么？未来最主要的特征会如何演变？

44. 面对财政压力较大、规划业务吃紧的现象，应如何加入现有的业务体系或谋划新的业务方向？

45. 有没有长期、稳定、系统的技术、思维方面的培训，适应新时期规划行业发展要求？

46. 公司未来业务的发力点在哪些方面，如何打造公司的品牌特色？

47. 国土空间规划背景下规划师发挥的自由度受限，规划正向更精细化、人性化的方向发展，规划从业者该如何调整工作重心？与地产类、咨询类企业相比，未来设计院的核心竞争力是什么？

48. 一个好规划、好设计离不开“足够时间”的研判和输出，现在项目节点越来越紧，如何处理和解决项目在时间与质量之间的矛盾？面对一个新时代，作为一名城市设计师，需要拓展学习哪些领域的知识？

49. 您认为国土空间规划背景下的详细规划改革应该注重哪些内容？控制性详细规划和修建性详细规划会消失吗？

50. 南沙作为联系港澳核心平台，很重要的一个任务是吸引港澳青年人来创新创业。但现实是创业政策多、创业动机低，因为隐形的困难如缺乏同等国民待遇、生活习惯、营商环境和制度差异在产生巨大制约，光从规划的角度难以破局，港澳青年在大湾区的双创真的有途径实现吗？

51. 如何通过规划设计为政府提高产出？现在政府其实关注得更多的是引产业，我们更多的是空间设计，并不是我们通过做一个城市设计就能解决他们的诉求，这种情况有没有什么解决的思路，或者我们能做些什么？

52. 如何能更好地精准地提出一个项目的定位？

53. 现在大家都在讲高质量发展，您认为高质量发展最核心的方面是什么？我们规划层面能做什么？

54. 如何很好平衡自身在专业精进与统筹管理上的精力分配？避免专业上赶鸭子上架、管理上盲眼抓瞎？（目前的成长阶段就是专业与管理都很有欠缺但都有所长，作为规划设计行业，专业与管理又是相辅相成、缺一不可）

55. 如何在行业市场变动、热点逐年更替、政府领导换届等不断变化的背景下仍可以坚持专业判断，稳定、持续、高效、高质量输出规划设计产品？

56. 如何思考城市设计在自然资源与住建部门管理

存在交叉的情况下，有用但不法定的定位及未来？

57. 在新技术、大数据、科技的驱动与冲击下，传统规划行业要做好哪些准备应对未来？需要提前谋划布局哪些内容？个人又要做好哪些准备？

58. 项目中理解甲方真正的需求非常重要，可以从哪些方面着手去判断甲方的真正需求，预判相对应的工作阶段和工作深度？

59. 愿、谋、划、行这四个板块里，每个板块的核心工作要点是什么？在工作中着重培训哪方面的技能，才能融会贯通四个板块？

60. 从政府行政逻辑层面评断乙方，怎样才是足够好的乙方？哪些项目属于好项目？标准是什么？

61. 要管理一个部门，您对技术、经营、管理的精力分配和团队组合有什么建议吗？

62. 政府的发展目标每年不同，行业热点也不停迭代，作为长期发展的技术团队，如何避免每年都技术突击？怎样形成稳定的技术内核，以不变应万变？

63. 如何抓准不同汇报对象及项目需求，汇报逻辑？

64. 城市轨道上盖土地利用强度如何客观评价？轨道沿线站点周边如何差异化发展？

65. 如何正确判断项目推进方向，把握甲方需求？是否针对法定规划类、城市设计类等有区分？

66. 如何把握项目的核心？

67. 如何构建项目的逻辑性？如何更好掌握前期项目谋划的技巧与要点，提高谋划项目的成功率？

68. 规划研究工作中经常需要借鉴国内外相关规划案例，如何能更高效、更好地收集整理和解读相关规划案例？

69. 目前越来越强调规划方案的落地可操作，规划方案制定应如何平衡未来的理想性和现实的约束性？

70. 新一轮国土空间规划改革对今后规划编制的理念、角度，规划师的工作方式方法等将产生何种具体影响？国土空间规划"三区三线"划定与城市发展互动的关系如何？

71. 从高速发展阶段过渡到高质量发展阶段，叠加人口持续下滑影响，城市规划思维和方法需要如何转变？存量发展阶段下的规划师需要重点加强哪方面的工作技能？

72. 国家提倡建设海绵城市和韧性城市，面对特大洪水、台风以及流行疾病等突发事件，城市交通基础设施的安全韧性显得越来越重要，规划专业在超大城市打造更具安全韧性和智慧的城市基础设施上如何发挥引领作用？

73. 规划工作既要埋头苦干，把规划方案做实做细，还得经常抬头看天，把站位拔高、开阔视野。如何在规划工作中提高站位、讲好规划故事、做好汇报材料，无论对规划师的成长和项目的成功都是至关重要的，您有何建议？

74. 规划工作如何适应科学技术的快速发展，如自动驾驶、共享出行、超高速磁悬浮、低空飞行等，如何在规划阶段考虑预留新型交通方式，应对未来的发展变化？

75. 城市规划需要多学科、多专业的共同协助完成，不同专业对空间资源要素的需求不同，同时也会互相产生矛盾冲突。如何平衡不同专业之间的需求，达到城市发展利益最大化？

76. 转入存量化发展阶段以后，城市规划的角色是以支撑经济发展为主要目标，还是以提高社会效益为主要目标？如何在规划方案中平衡经济发展与社会效益？

77. 对城市具有重大战略意义的设施在没有明确具体建设方案时，如何为这些重大设施预留足够的条件？城市规划设计中如何考虑对这些重大设施的衔接？

78. 规划都比较理想，但在实施过程往往会碰到各种困难。如何处理好远期规划和近期建设的关系，以确保近期建设不走样？

参考文献

[1] 老聃 . 老子 [M] . 饶宗颐，陈鼓应，蒋丽梅 . 北京：中信出版社，2013.

[2] 庄周 . 庄子 [M] . 饶宗颐，陈鼓应，蒋丽梅 . 北京：中信出版社，2013.

[3]（英）史蒂芬·霍金，（英）列纳德·蒙洛迪诺 . 大设计 [M] . 吴忠超，译 . 长沙：湖南科学技术出版社，2011.

[4]（以）尤瓦尔·赫拉利 . 人类简史：从动物到上帝 [M] . 林俊宏，译 . 北京：中信出版社，2017.

[5] 高军，裴春光，刘宾，潘丽珍 . 强制性要素对城市规划的影响机制研究 [J] . 城市规划，2007（1）.

[6] 吴志强，李德华 . 城市规划原理：第四版

[M]. 北京：中国建筑工业出版社，2010.

[7]（美）凯文林奇. 城市意象[M]. 方益萍，何晓军. 北京：华夏出版社，2017.

[8] 陆锡明. 综合交通规划[M]. 上海：同济大学出版社，2003.

[9] 李允鉌. 华夏意匠[M]. 香港：广角镜出版社，1982.

[10] 庄惟敏，等. 建筑策划与后评估[M]. 北京：中国建筑工业出版社，2018.

[11] 吴志强. 国土空间规划原理[M]. 上海：同济大学出版社，2022.

[12] 李萍萍，等. 广州城市总体发展概念规划研究[M]. 北京：中国建筑工业出版社，2002.

[13] 吴良镛. 人居环境科学导论[M]. 北京：中国建筑工业出版社，2001.

[14] 中国城市规划学会. 中国城乡规划学学科史[M]. 北京：中国科学技术出版社，2018.

[15] 赵亮，等. 城市设计的空间思维解析[M].

南京：江苏凤凰科学技术出版社，2021.

［16］潘安，等. 规模、边界与秩序三规合一的探索与实践［M］. 北京：中国建筑工业出版社，2014.

后 记

大学毕业后，尽管作者豪情万丈，但面对远不同于书本的实践问题，感觉有太多的知识需要补充，太多的困惑需要解答，经历了十几年，自觉成长迅速，自信满满。但随着走上领导岗位，压力没减反增，主要的压力来自于非标的选择与平衡，同一个项目需要不同专业共同完成的时候，遇到相互矛盾的问题，专业层面往往不容易达成一致，各执一词争执不下的情况经常发生，遇到不是本专业的问题时，如何判断价值的取舍，如何选取妥协平衡点，成了摆在我面前的大问题，这一阶段除了继续学习，更多的是转入了思考。进入行政岗位，才发现影响一个项目决策的因素成倍地增加和复杂化，回过头再审视当年被否决而不解的困惑似乎有了答案。随着所思积累的增加，作者发现，思考的碎片化成果应对复杂的现实问题仍然捉襟见肘，无法快速检视全局做到成竹在胸，对于任何以谋划明天为核心任务的工作者来说，都不能说是一种良好的状态，其成果的样子也就可想而知了。因此我很早就有了把这些珍贵的碎片串联起来的想法；但是真正行动起来，才深深体会到一项真正的创新有多么艰难。

“划理论”是基于作者整个职业生涯碎片感悟，经不断重构提炼而成，历时五年，数易其稿，终成。

不管这个理论叫什么名字，作者始终如一的愿念就是创造“三师”通用的思维逻辑，为此作者自创了一些词汇，请读者结合上下文体会词汇表达的真正意思，对所用词汇表达认为不够准确的，可以自行替代。“划理论”仅是一种个人认知或假设。自从“4.0版”的逻辑框架完成后，作者不断关注“三师”各专业的年会分享，杂志论文，省市评优成果，讲课收集的问题，各类专家评审会咨询会的真实案例等，对这一理论进行了验证，实践证明有效率达到了预期。正如霍金在大设计中所讲，对于问题的解答往往不只一个，根据经济性原理，人们的策略是哪个好用就用那个。作者把“划理论”呈现出来，希望能对转型中的你有所帮助。

随着我国城市化增速开始放缓，“三师”各专业也都会面临周期性的调整，个别专业开始发生较大变化，磨刀不误砍柴工，这个时候放缓脚步静观思悟，并不是停滞或退步，谁的认知提升能够跑赢大势，谁就会在新的旅途迎来不一样的风景。

最后以布袋和尚的一首偈子作为结语，与读者共勉：

手把青秧插满田，低头便见水中天。

六根清净方为道，退步原来是向前。

二零二四年二月九日 癸卯年除夕

高军（老庄）于流花斋

致谢：在本书的构思、写作过程中得到了众多好友的关心和鼓励，也得到了众多同行的支持和帮助，在此表达深深的感谢！

吴硕贤：中国科学院院士，华南理工大学建筑学院教授

尹稚：中国新型城镇化研究院执行副院长，清华大学建筑学院教授，清华大学国家治理与全球治理研究院首席专家，清华大学城市治理与可持续发展研究院执行院长，中国城市规划学会副监事长

潘安：国家住房和城乡建设部科技委秘书长，广州市城市规划协会会长

吴桂宁：华南理工大学建筑学院教授，广州城市理工学院建筑学院副院长

朱雪梅：广东工业大学建筑与城市规划学院原院长，建筑学教授，城市规划教授级高工

朱雪梅：天津市城市规划设计研究总院有限公司副总规划师，天津市规划大师，大师工作室主持规划师

鲁西米：德国 ISA 意厦国际设计集团合伙人

高军，毕业于清华大学建筑系，工程技术应用研究员、土地估价师，曾任青岛市城市规划设计研究院院长、广州市国土与规划委员会处长。在建筑设计、规划设计、土地评估、土地资产处置、土地管理、规划管理、城市综合管理等领域有丰富的从业和管理经验，曾担任中国城市规划协会常务理事，现为广州市规划委员会委员、广州市政协城建环资委工作顾问、广州市规划协会副会长。

高军是《规划师的视角》理论文丛主编，曾在国家一级刊物发表论文二十余篇。